생각이
크는
인문학

빅데이터

생각이 크는 인문학_빅데이터

지은이 정용찬
그린이 이진아

1판 1쇄 발행 2018년 3월 28일
1판 9쇄 발행 2024년 1월 31일

펴낸이 김영곤
키즈사업본부장 김수경
에듀2팀 김은영 박시은
아동마케팅영업본부장 변유경
아동마케팅1팀 김영남 정성은 손용우 최윤아 송혜수
아동마케팅2팀 황혜선 이해림 이규림 이주은
아동영업팀 강경남 오은희 김규희 양슬기
e-커머스팀 장철용 전연우 황성진
디자인팀 이찬형

펴낸곳 (주)북이십일 을파소
출판등록 2000년 5월 6일 제406-2003-061호
주소 (우 10881) 경기도 파주시 회동길 201(문발동)
연락처 031-955-2100(대표) 031-955-2177(팩스)
홈페이지 www.book21.com

ⓒ 정용찬, 2018

ISBN 978-89-509-7399-5 43550

책 값은 뒤표지에 있습니다.

• 제조자명 : (주)북이십일
• 주소 및 전화번호 : 경기도 파주시 회동길 201(문발동) / 031-955-2100
• 제조연월 : 2024.01.
• 제조국명 : 대한민국
• 사용연령 : 8세 이상 어린이 제품

생각이 크는 인문학

⑮ 빅데이터

글 정용찬
그림 이진아

을파소

목 차

알파고는 이세돌 기사를 어떻게 이겼을까요?

2장

빅데이터는 세상을 어떻게 바꾸고 있을까요?

3장

나는 네가 어젯밤 어디서 무얼 했는지 알고 있다!

거짓말, 새빨간 거짓말, 빅데이터

5장

데이터를 보는 눈이 필요해!

우리 가까이에 다가온 빅데이터 시대

혹시 여러분은 공기의 고마움에 대해서 생각해 본 적이 있나요? 공기는 우리의 눈에 보이지는 않지만 우리가 살아가는 데 꼭 필요하죠. 그런데 이렇게 공기처럼 중요한 것이 또 있어요. 그것은 바로 데이터입니다. 데이터는 우리 주변 곳곳에서 쌓여 중요한 역할을 하고 있어요. 그리고 앞으로 미래사회가 되면 데이터는 더욱 중요해 질 것입니다.

인터넷이 등장하고 누구나 스마트폰을 사용하게 되면서 사람들은 더욱 쉽게 인터넷에 접속하게 되었습니다. 그리고 우리의 많은 행동들이 데이터로 남게 되었죠. 인터넷 검색이나 메신저만 해도 기록이 남고, 길거리를 나서면 CCTV나 교통 카메라에 찍히죠. 정말이지 다양한 데이터가 대규모로 빠르게 만들어지는 세상이 온 것이에요. 이런 세상을 우리는 빅데이터 시대라고 합니다.

빅데이터는 어느새 우리 가까이에서 우리의 삶을 변화시키고 있어요. 내가 좋아할 만한 것들을 알아서 추천해주기도 하고, 재난이나 범죄를 예방하는데 도움을 주기도 하죠. 앞으로 미래 사회는 빅데이터가 더욱 중요한 역할을 하게 될 거예요. 자율주행자동차가 스스로 도로를 달리며, 인공지능 컴퓨터가 가전기기마다 부착되고, 사물과 사물이 서로 데이터를 주고받게 되겠죠.

하지만 빅데이터 환경이 좋은 점만 있는 것은 아닙니다. 오랫동안 인간은 스스로 생각해서 판단하고 행동해 왔지만 빅데이터 시대에는 많은 것들을 빅데이터의 판단에 맡기게 돼요. 그러다 보니 빅데이터는 오히려 우리를 수동적으로 만들수도 있어요. 또, 우리가 무심코 보낸 문자나 SNS에 올린 글 때문에 피해를 보는 일도 생길 수 있지요. 데이터를 조작하거나 가짜 뉴스를 퍼트리는 일들도 벌어집니다. 게다가 인터넷에 떠다니는 개인정보 때문에 우리의 사생활은 보호받지 못하고, 오히려 감시를 받는 일들도 생겨날 수 있어요.

그럼에도 불구하고 빅데이터는 '21세기의 자원'이라고 불릴 만큼 중요한 가치를 갖고 있어요. 우리가 원하든 원치 않든 우리는 이미 빅데이터 세상에서 데이터와 함께 살아가고 있어요. 그리고 그 만큼 우리가 어떤 데이터를 어떻게 수집하고, 어떻게 분석하며 활용할 것인지도 매우 중요해졌습니다.

이 책은 우리 가까이 다가온 빅데이터 시대에 대해 제대로 알고 잘 대비하기 위해서 준비했어요. 빅데이터란 무엇인지, 왜 중요한지를 따져보고, 빅데이터가 앞으로 어떤 일을 하게 될지도 살펴보았어요. 또 빅데이터 시대에 일어날지 모르는 피해를 막기 위해서는 어떤 준비가 필요한지도 생각해보았어요. 이 책을 통해 데이터를 정확하게 보는 안목을 키워 미래를 준비할 수 있기를 바랍니다.

끊임없이 새로운 제안으로 제 안에 숨어 있던 영감을 불러일으켜 글을 쓰도록 도와준 유하은 씨와 출판사 관계자 여러분께 감사의 말씀을 전합니다. 지난겨울 아빠의 원고 구상을 묵묵히 들어 준 딸에게 이 책이 뒤늦게나마 입학 선물이 되기를 기대합니다.

2018년 3월

정용찬

1장
알파고는 이세돌 기사를 어떻게 이겼을까요?

컴퓨터가 인간을 이겼어요!

★ **인공지능(Artificial Intelligence, AI)** 인간처럼 생각하는 컴퓨터. 단순히 주어진 규칙대로 판단하는 능력을 넘어서 사람처럼 생각하고, 학습하고 자기 개발을 할 수 있는 능력을 지닌 기술.

2016년 3월, 전 세계가 주목한 놀라운 대결이 펼쳐졌어요. 바로 한국의 바둑 기사 이세돌 9단과 인공지능(AI, Artificial Intelligence)★ 컴퓨터 알파고(AlphaGo)의 바둑 대결이었죠. 이 바둑 대결의 승자는 누구였을까요? 바로 컴퓨터였답니다. 다섯 번의 대결 중 이세돌 9단은 단 한번 이겼을 뿐이었어요. 사람들은 무척 놀랐어요. 대체 인공지능이 무엇이기에 컴퓨터가 사람을 뛰어넘은 것일까요?

그런데 사람과 컴퓨터의 대결은 이번이 처음은 아니에요. 컴퓨터는 이미 체스라는 서양식 장기 게임에서 사람을 이긴 적이 있어요. 컴퓨터를 만드는 회사인 IBM의 과학자들이 만든 수퍼컴퓨터 '딥블루(Deep Blue)'가 1997년 세계

체스 챔피언 '개리 카스파로프(Garry Kasparov)'와의 체스 대결에서 인간을 이겼거든요.

카스파로프는 역사상 가장 위대한 체스 기사로 불릴 정도로 실력이 뛰어난 체스 기사였어요. 그런 그에게 IBM의 과학자들은 도전장을 내밀어요. 자신들이 만든 컴퓨터와 체스 대결을 하자고 제안한 거예요. IBM의 과학자들은 왜 이런 일을 벌인 걸까요?

컴퓨터는 계산 속도가 어마어마하게 빠르기 때문에 사람은 단순히 숫자나 확률을 계산하는 것으로는 컴퓨터를 이길 수 없어요. 하지만 장기나 바둑과 같은 게임은 단순히 계산만 빠르다고 잘 할 수 있는 게임이 아니에요. 체스나 장기, 바둑은 다양한 상황에 따라 판단을 내려야 하죠. 당시 IBM 과학자들의 목표는 사람처럼 생각하고 판단할 수 있는 컴퓨터를 만드는 일이었어요. 그래서 그 실험의 하나로 체스 게임에 도전하게 된 것이죠.

1996년, 사람과 컴퓨터의 첫 번째 대결이 펼쳐졌어요. 여섯 번 겨룬 시합에서 카스파로프는 세 번 이기고 두 번 비기고 한 번 지는 성적으로 딥블루를 물리쳤어요. 그러자 IBM은 딥블루를 더욱 똑똑하게 발전시켜서 1997년에 다시 대결을 벌여요. 이번에는 딥블루가 2승 1패 3무의 성적으

로 인간 챔피언을 물리치고 승리를 거머쥐죠.

그런데 IBM의 과학자들은 여기서 만족하지 않았어요. 이번에는 퀴즈 게임에 도전을 한 것이에요. 미국 TV에서 방영되는 퀴즈쇼 〈제퍼디!(Jeopardy!)〉는 당시 엄청난 인기를 누리고 있던 퀴즈 프로그램이었어요. 〈제퍼디!〉에서 나오는 퀴즈는 다루는 분야가 매우 넓고 질문도 은유적인 표현이 많아 정답을 맞히기 매우 어려운 것으로 유명했지요. 이 퀴즈쇼에 참가하기 위해 IBM의 과학자들은 2005년부터 더욱 똑똑한 컴퓨터 개발을 시작했어요.

과학자들은 노력 끝에 수퍼컴퓨터 '왓슨(Watson)'을 개발해요. 그리고 2011년, 왓슨은 드디어 퀴즈쇼에 참가합니다. 여기에서 왓슨은 인간 퀴즈 챔피언 두 명과 대결해 두 명을 모두 압도적으로 이겼어요. 이 때 왓슨은 4테라바이트의 디스크 공간에 저장된 2억 페이지에 달하는 정보를 활용했는데 인터넷에 연결해서 정보를 검색하지는 않았다고 해요.

그런데 4테라바이트면 어느 정도 크기일까요? 정보의 저장 용량을 나타내는 단위는 크기에 따라 바이트, 킬로바이트, 메가바이트, 기가바이트, 테라바이트 등으로

★ **데이터의 단위**
1,000바이트(Byte)
= 1킬로바이트(KB)
1,000킬로바이트(KB)
= 1메가바이트(MB)
1,000메가바이트(MB)
= 1기가바이트(GB)
1,000기가바이트(GB)
1테라바이트(TB)

표현해요. 1,000바이트는 1킬로바이트이고, 1,000킬로바이트는 1메가바이트예요. 1,000메가바이트는 1기가바이트이고, 1,000기가바이트는 1테라바이트예요. 400쪽 정도 분량의 책 한권은 대략 400바이트 정도라고 해요. 그러니 4테라바이트는 책 백억 권 분량의 정보라 할 수 있지요.

다시 알파고의 이야기로 돌아가 볼까요?

이미 수십 년 전 컴퓨터는 체스와 퀴즈쇼에서 사람과 대결해 승리했어요. 하지만 사람들은 바둑에서만큼은 컴퓨터가 사람을 당해내지 못할 거라고 생각했어요. 왜냐하면 바둑은 체스 게임과 비교하면 상상할 수 없을 정도로 변화가 복잡하고 다양한 게임이기 때문이죠. 체스에서 처음에 취할 수 있는 경우의 수는 20가지에 불과한데 반해 바둑은 361가지에 달할 정도로 복잡해요. 그러니 아무리 똑똑한 컴퓨터라도 사람을 이길 수는 없을 거라고 믿었던 거예요. 그런데 어떻게 이렇게 복잡한 게임을 컴퓨터가 이길 수 있었던 걸까요?

알파고가 이세돌 기사를 이긴 비밀, 빅데이터

　이세돌 기사와 바둑 대결을 벌여 4승 1패로 승리한 '알파고'를 우리는 인공지능이라고 불러요. 체스 챔피언을 이긴 '딥블루', 〈제퍼디!〉의 우승자 '왓슨'도 모두 인공지능에 속해요. 인공지능이란 '인간처럼 생각하는 컴퓨터'를 말해요. 정확히 이야기하면 인간이 생각하는 방식을 본뜬 프로그램이라고 할 수 있어요. 자동차의 자동주차시스템은 카메라로 주차선과 주차된 자동차를 인식해서 핸들을 자동으로 움직여 주차를 하는 기능이에요. 이것이 가장 초보적인 지능형 컴퓨터라고 볼 수 있어요. 여기에서 더 발전하게 되면 사람이 운전하지 않아도 스스로 움직이는 자율주행자동차로 진화하지요. 자동차 곳곳에 설치된 카메라로 영상 정보를 인식한 뒤, 차선과 주변에서 주행하는 차의 속도, 거리를 판단해요. 스스로 운전하면서 장애물을 만나면 피하거나 정지하는 모습은 인간 운전자와 다르지 않아요.

　퀴즈쇼에서 인간 챔피언이 자신의 머릿속에 저장되어 있는 지식을 순간적으로 떠올려서 부저를 누르고 답을 맞히는 것처럼 딥블루, 왓슨, 알파고도 메모리에 저장된 수많은 지식을 빠른 속도로 찾아내서 답을 하는 방식이랍니다.

그런데 어떻게 해서 컴퓨터가 똑똑해지는 걸까요? 이세돌 9단을 이긴 알파고는 딥블루와 같은 이전까지의 컴퓨터와는 완전히 달라요. 이전의 컴퓨터는 여러 가지 경우의 수를 검토해서 가장 적절한 답을 내어놓는 컴퓨터였어요. 그런데 알파고는 사람이 알고 있는 지식을 알려주면, 그것을 바탕으로 새로운 지식을 배워요. 마치 아이가 세상에 대해서 하나, 둘 알아가는 것처럼 지식을 습득하고 그 지식을 활용할 수 있답니다. 이를 기계학습*이라고 해요. 사람이 공부를 열심히 하면 실력이 향상되듯이 기계(컴퓨터)도 학습을 통해서 지능이 향상되는 거죠.

> **★ 기계학습**
> 인공지능의 한 분야. 사람이 학습하듯이 컴퓨터에 데이터를 제공해서 학습하게 함으로써 새로운 지식을 얻어내게 하는 방법.

TV에 나오는 광고를 보면 탁자 위에 놓인 작은 스피커가 사람이 말하는 내용을 듣고 대답하거나 스스로 전등을 끄고 켜는 장면이 나오곤 하죠? 이러한 서비스도 다양한 사람들이 많이 이용하면 이용할수록 똑똑해집니다. 사람마다 말하는 방식이나 말의 순서, 어투 등이 조금씩 다르잖아요? 기계가 이렇게 다양한 사람들의 말을 일일이 다 알아들으려면 다양한 말투를 배우고 익히는 것이 필요해요. 그래서 많은 사람이 이용할수록 더 많은 데이터가 쌓이고,

인공지능은 쌓인 데이터를 바탕으로 학습한 뒤에 더 똑똑해져서 사람들이 요구하는 서비스를 정확하게 제공할 수 있는 것이에요. 이렇게 이야기하니까 인공지능이 마치 데이터라는 영양분을 먹고 자라나는 생물 같지 않나요?

그럼 알파고와 딥블루, 왓슨의 공통점은 뭘까요? 사람을 이긴 컴퓨터에게는 무언가 비밀이 숨겨져 있지 않을까요?

첫째로, 알파고와 딥블루, 왓슨은 모두 대규모 데이터를 활용했다는 점에서 공통점이 있어요. 인공지능이 학습을 하기 위해서는 배우기 위한 자료가 필요하겠죠? 그것이 바로 데이터인 거예요. 전 세계의 온갖 정보와 지식이 담긴 방대한 데이터가 인터넷에 있고, 인공지능은 스스로 검색하고 자료를 찾아가면서 지식을 학습합니다. 이것이 인공지능 '알파고'가 이세돌 기사를 이긴 비결인 것이지요. 알파고는 지금까지 프로기사들이 둔 16만 건의 바둑 기보*를 활용했어요. 바둑판 위에 바둑돌이 놓여 있는 특정한 상황에서 어느 위치에 두는 것이 더 유리한지를 빠르게 계산했죠.

딥블루도 체스 기사들이 둔 정보를 활용해서 체스판 위의 어느 위치로 말을 움직이는 것이 유리한지를 일일이 계산

> **★ 기보**
> 바둑을 둔 내용을 기록한 책.
> 흑돌과 백돌이 놓인 순서대
> 로 번호를 매겨 표시한다.

20

했어요. 왓슨도 저장된 수많은 데이터들을 순식간에 검색해서 퀴즈쇼의 정답을 맞혔어요. 이렇게 대규모 데이터들을 눈 깜박할 사이에 검색하고, 또 그렇게 알게 된 지식을 다시 활용했기 때문에 사람을 이길 수 있었던 것이죠.

두 번째 공통점은 바로 데이터를 처리하는 속도가 무척 빠르다는 것이에요. 저장된 지식의 양이 많아야 하는 것은 물론이고, 답을 빨리 찾기 위해서는 처리 속도가 빨라야 하는 것이죠. 결국 인공지능의 핵심은 데이터의 양과 그 데이터를 빠르게 검색하고 결과를 내놓는 처리 속도라고 할 수 있어요.

그런데 갑자기 왜 이런 이야기를 하느냐고요? 우리는 알파고와 대결할 일이 없으니 여러분과 전혀 상관이 없어 보이나요? 하지만 이 이야기는 여러분과 무척 가까운 이야기랍니다. 만약 알파고 이야기가 여러분과 가깝게 느껴지지 않는다면 이번에는 우리들이 주로 사용하는 인터넷에 대해서 생각해 볼까요?

수연이는 인터넷 검색을 할 때면 검색어를 모두 다 치는 경우가 별로 없어요. 왜냐하면 검색창에 검색어를 다 치기도 전에 수연이가 검색하고 싶은 검색어가 검색창 아래에 나타나거든요. 어떻게 이런 일이 생길 수 있는 것일까요? 혹시 컴퓨터가 수연이의 생각을 미리 알고 있는 걸까요?

아마 조금만 시간을 내어 생각해 보면 이런 방법을 떠올릴 수 있지 않을까요? 우선 사람들이 최근에 검색창에 입력한 단어를 모두 잘 정리해 놓아요. 만약 어떤 사람이 검색하기 위해 한두 글자를 검색창에 치면 그 글자로 시작하는 단어 중에서 최근에 사람들이 가장 많이 검색한 단어 목록을 순서대로 보여줍니다. 만약 그 사람이 치려고 하는 단어가 아래쪽에 나타나면 그 단어를 클릭합니다. 물론 그 사람이 치려는 단어가 목록에 없다면 글자를 모두 다 쳐야 하겠지요.

우리가 자주 이용하는 동영상 사이트도 마찬가지랍니다. 어떤 사람이 최근에 이용한 동영상 목록을 잘 정리하면 그 사람의 관심이 무엇인지 알 수 있어요. 평소에 농구 경기 동영상을 즐겨 보는 사람이 동영상 사이트에 접속할 때 최근 농구 경기 동영상 목록을 보여준다면 그 동영상을 시청할 가능성이 매우 높을 거라 쉽게 예상할 수 있지요.

이렇듯 인터넷을 사용하게 되면서 내가 찾으려고 하는 검색어를 미리 알아서 보여 준다거나, 내가 관심 있어 할 만한 동영상을 추천하는 것 같이 과거에는 없었던 새로운 서비스를 경험하게 된 상황을 한 마디로 '빅데이터(Big Data) 환경'이라고 표현해요. 알파고나 왓슨은 과거부터 쌓여 있던 수많은 정보와 지식을 활용했다고 했죠? 이런 엄청난 양의 정보도 '빅데이터'라 표현한답니다.

빅데이터란 규모가 어마어마한 데이터를 말하나요?

이렇듯 알파고가 프로 기사를 이기게 하고, 컴퓨터가 내 속마음을 들여다보듯이 나에게 딱딱 맞는 것들을 추천해 줄 수 있는 건 모두 빅데이터 덕분이에요. 그럼 대체 빅데이터란 무엇일까요? 빅데이터는 크기가 어마어마한 데이터일까요? 양이 엄청나게 많은 걸까요? 또 빅데이터와 데이터는 어떤 차이가 있을까요?

우선 '데이터(data)'에 대해서 알아볼까요? '데이터(data)'라는 말은 우리도 무척 익숙하게 사용하는 말이에요. 스마트폰을 개통하러 가면 수많은 요금제가 있지요. 그중 하나가 '데이터 요금제'예요. 이때 '데이터'는 스마트폰으로 인터넷 검색을 하거나 동영상을 볼 때 사용하는 정보량을 말해요.

일반적으로 '데이터(data)'란 관찰이나 측정을 통해 얻은 값을 말하는데 숫자, 문자, 기호 등을 모두 포함해요. 예를 들어 수연이네 반 학생의 몸무게와 체중을 기록한 자료가 바로 데이터라고 할 수 있죠. 만약 수연이네 반 학생의 몸무게와 체중 데이터뿐 아니라 우리나라 학생 전체, 아니 전 세계 학생 전체의 몸무게와 체중 기록을 모두 모은다면 매우 큰 규모의 데이터라는 점에서 빅데이터라고 생각할 수 있어요.

그런데 이 빅데이터는 인터넷이 등장하면서 주목받기 시작했어요. 인터넷이 등장하기 이전에는 사람들의 행동이 자동으로 데이터로 바뀌어 저장되지 않았어요. 하지만 인터넷이 등장한 뒤에는 수많은 것들이 데이터로 바뀌어 자동으로 저장되기 시작했어요. 특히 스마트폰을 통해 누구나 인터넷을 자유롭게 이용할 수 있게 되자, 자동적으로 기록되는 데이터는 상상할 수 없을 정도로 증가하기 시작했지요.

여러분이 자주 이용하는 카카오톡 같은 메신저 서비스를 생각해 볼까요? 이것만 봐도 예전과 달리 데이터가 얼마나 자주, 또 얼마나 많이 생성되는지 알 수 있어요. 메신저를 통해 친구들과 나누는 대화는 모두 데이터가 되어 자동

24

으로 저장돼요. 게다가 그 데이터는 문자뿐만이 아니에요. 친구들과 메신저를 통해 사진이나 동영상을 교환하고, 서로 대화를 하고, 이모티콘을 사용하잖아요. 그런데 이 모든 게 바로 데이터가 되거든요. 이런 걸 생각해보면 인터넷과 스마트폰이 등장하면서 문자뿐 아니라 사진이나 동영상 같은 다양한 데이터가 엄청나게 생겨나고 있다는 것을 알 수 있지요.

인터넷이 등장하기 이전에 생성되던 데이터에 비해 인터넷이 등장한 뒤의 데이터는 그 규모가 방대하고, 생성 주기도 짧고, 그 형태도 달라요. 인터넷이 등장하기 이전에 생성되던 데이터는 사람이 일부러 기록으로 남기기 위해 적은 책, 문서, 그림과 같은 것들이었어요. 하지만 인터넷이 등장한 후에는 일부러 기록으로 남기지 않아도 많은 것들이 데이터로 자동 저장되게 되었어요. 그 형태 또한 무척 다양해서 숫자 데이터는 물론이고, 문자와 영상도 모두 데이터에 포함돼요. 이처럼 다양한 형태의 데이터가 빠른 속도로 만들어지고 있는 것이죠. 이렇게 대규모 데이터로 쌓인 것을 우리는 빅데이터라고 말해요.

이처럼 데이터의 규모가 크고, 생성 속도가 빠르고, 형태가 다양한 빅데이터의 특징을 3V라고 말해요. 빅데이

★ **빅데이터의 특징 3V**
① 데이터의 규모가 큼(Volume).
② 데이터의 생성 속도가 빠름
(Velocity).
③ 데이터의 형태가 다양함
(Variety).

터의 이런 특징이 모두 'V'로 시작하는 영어 단어로 표현할 수 있기 때문이에요. 즉 데이터의 양(Volume), 데이터 생성 속도(Velocity), 형태의 다양성(Variety)이 인터넷이나 스마트폰이 없던 예전과는 다르다는 뜻이죠. 빅데이터가 단순히 '양이 많은' 데이터만을 의미하는 것이 아니라는 걸 알 수 있겠죠?

데이터가 얼마나 많이 생겨나고 있는지 인터넷 쇼핑의 예를 들어 볼까요. 만약 여러분이 백화점에 쇼핑을 하러 간다면 물건을 구매해야만 여러분이 쇼핑한 내용이 데이터로 저장될 거예요. 신용카드로 결제를 한다면 어떤 사람이 언제 어떤 물건을 얼마에 샀다는 내용이 자동으로 기록되겠죠. 만약 재래시장에서 현금으로 물건을 산다면 그나마도 기록되지 않을지 몰라요. 하지만 인터넷 쇼핑몰을 방문하게 되면 물건을 사지 않더라도 값싸고 마음에 드는 물건을 찾기 위해 돌아다닌 기록이 자동으로 저장되죠. 어떤 상품에 관심이 있는지, 얼마 동안 쇼핑몰에 머물렀는지가 모두 기록되는 거예요. 쇼핑뿐만이 아니에요. 여러분이 이메일을 확인하고, 친구와 채팅을 하고, 학교와 학원의 숙제를

빅데이터의 특징 3V

규모가 큼(Volume)

아구
아구

숫자 문자 기호

팟ㅡ

팟

팟ㅡ

생성 속도가 빠름(Velocity)

다양함(Variety)

흠…

우글~

우글~

거래정보

각종동영상

메일

각종사진

CCTV

인터넷

SNS

★ 소셜네트워크서비스(Social Network Service, SNS)
특정한 관심이나 활동을 공유하는 사람들끼리 자신의 신상 정보를 드러내고 교환하며 대인관계를 형성하게 해 주는 온라인 서비스. 대표적인 SNS로 페이스북(Facebook)과 트위터(Twitter)가 있다.

하기 위해 인터넷에서 자료를 검색하고, 또 인터넷으로 음악을 듣거나 동영상을 감상하는 모든 기록은 데이터로 저장되죠. PC와 스마트폰을 통해 인터넷을 이용하면 그 기록은 모두 데이터가 되는 거예요.

혹시 놀이공원에 가거나 맛있는 음식을 먹으면서 페이스북이나 인스타그램과 같은 소셜네트워크서비스(Social Network Service, SNS)*에 사진이나 동영상을 올려본 적이 있나요? 많은 사람들이 자신의 일상을 기록하고 남기기 위해 사진이나 동영상을 찍은 뒤 자신의 SNS에 올리곤 해요. 그런데 이런 일상적인 행동도 데이터의 양을 폭발적으로 증가하게 만드는 원인이랍니다. 인터넷에 저장된 모든 기록은 전부 데이터로 남기 때문이에요.

결국 우리들의 일상생활이 PC나 스마트폰과 같은 기기를 활용해 점점 더 인터넷과 가까워질수록 어마어마한 규모의 다양한 데이터가 쌓이게 되는 것이죠. 그리고 이렇게 쌓인 데이터를 활용하게 되는 빅데이터 환경이 자연스럽게 생겨나게 되는 것이랍니다. 말하자면 빅데이터는 바로 나와 내 친구, 가족, 선생님과 같은 모든 사람들이 함께 쌓아가고 있는 셈이지요.

그뿐만이 아니에요. 데이터가 늘어나는 이유는 다양해요. 우리가 개인적으로 SNS에 올린 글과 사진, 동영상만이 데이터의 전부는 아니니까요.

좀 더 넓게 살펴볼까요? 거리를 나가 보면 많은 곳에 CCTV가 설치되어 있어요. 교통량을 분석하거나 시민들이 안전하게 거리를 다닐 수 있도록 하기 위해서지요. CCTV는 주요 도로와 공공건물은 물론 아파트나 상가 건물 입구, 주차장, 심지어 건물 안의 엘리베이터와 복도 등에도 설치되어 있어요. 이렇게 설치된 수많은 CCTV 역시 데이터의 양을 늘어나게 하는 주요한 이유랍니다.

뉴스에서는 CCTV에 찍힌 얼굴을 바탕으로 범죄자를 잡는다거나, 교통 카메라가 찍은 영상을 통해 어느 도로에 얼마나 많은 차들이 다녔는지를 살펴본다거나 하는 이야기가 자주 나와요. 그런데 이렇게 범죄자를 잡거나 교통량을 분석하려면 그 전에 범죄자의 얼굴이 찍힌 화면이나 교통 카메라에 찍힌 영상이 있어야 하잖아요. 그래서 이 모든 영상들이 데이터로 저장되는 것이랍니다. 그야말로 일상생활의 행동 하나하나가 빠짐없이 데이터로 저장되는 세상에 살고 있다는 것이 실감이 나나요?

특별한 목적을 가지고 데이터를 일부러 저장하기도 해요. 예를 들면 범죄를 예방하고 범죄자를 잡기 위해 전과자의 기록을 데이터로 저장해둔다거나, 실종자 가족을 찾기 위해 DNA정보를 등록하는 일들도 있지요. 요즘 공공 기관에서는 출입관리를 자동으로 하기 위해 지문이나 홍채, 얼굴 정보를 입력해 놓기도 해요. 미리 이런 생체 정보*를 저장해 놓지 않으면 출입할 수 없게 되죠.

최근에는 사물인터넷(Internet of Things, IoT)*이라고 부르는 새로운 장치가 등장했어요. 전기밥솥이나 전자레인지와 같은 가전 기기에 작은 장치를 부착해서 집 밖에서도 원하는 시간에 작동시키는 것이에요. 지금은 사람들끼리 주고받는 데이터가 훨씬 많아요. 하지만 앞으로는 사람과 사물, 사물과 사물끼리 주고받는 데이터가 더 많아지게 될 거예요. 데이터를 주고받을 수 있는 센서가 부착된 냉장고나 세탁기, 청소기와 같은 기기들이 더욱 많아질 거예요. 그렇게 되면 자동으로 기록되는 데이터는 지금보다 훨씬 더 많아지겠죠? 이렇게 사람과 기계, 기계와 기계가 서로 데이터를 주고받

★ 생체 정보
지문, 홍채, 각막, 음성, 유전자 정보 등 개개인이 가지고 있는 고유한 신체의 정보.

★ 사물인터넷(Internet of Things, IoT)
인터넷을 통해 모든 사물을 연결하여 사람과 사물, 사물과 사물 간에 서로 정보를 주고받을 수 있는 기술이나 서비스.

게 된다면 쌓이는 데이터의 양은 대체 얼마나 될지 여러분
은 상상할 수 있겠어요?

빅데이터는 왜 중요할까요?

데이터(data)란 관찰이나 측정을 통해 얻은 값으로 숫자,
문자, 기호 등을 모두 포함한다고 앞에서 이야기 했지요?
예를 들어 내가 받은 성적표에는 문자(이름)와 숫자(과목별 점
수), 기호(수, 우와 같은 등급)와 같이 여러 유형의 값들이 적혀
있어요. 이들 하나하나가 모두 데이터죠. 데이터로부터 우
리가 흔히 아는 정보나 지식이 생겨난답니다.

그럼 정보(information)란 무엇일까요? 데이터와는 어떻게
다를까요? 정보는 수집한 데이터를 체계적으로 정리해 실
생활에서 활용이 가능하도록 만든 것을 말해요. 예를 들어
한 반 학생들의 성적이 정리된 데이터는 일종의 정보라 할
수 있는데 어떤 학생의 등수도 알 수 있고, 한 반 전체의
국어 평균 성적이 수학 평균 성적보다 더 높은지 낮은지도
알 수 있죠.

이런 정보가 쌓여 일반화된 형태로 정리된 것을 지식

(knowledge)이라고 해요. 만약 학교에 다니는 모든 학생들의 성적표를 종합해서 분석해보니 학년이 올라갈수록 국어 성적에 비해 수학 성적이 더 떨어진다는 사실을 발견했다면 이것 또한 일종의 지식이라 할 수 있죠.

지식은 데이터 분석을 통해 그 동안 몰랐던 사실을 알게 되었거나 막연하게 예상했던 것이 데이터라는 객관적인 증거를 통해 사실로 드러났거나 하는 것을 말해요.

데이터 (data)	관찰이나 측정을 통해 얻은 각각의 값.

⬇

정보 (information)	데이터를 체계적으로 정리해서 실생활에서 활용이 가능하도록 한 것.

⬇

지식 (knowledge)	정보가 쌓여서 새로운 사실을 발견하고 이를 통해 일반적인 결론을 내릴 수 있게 된 것.

숫자와 문자, 기호로 구성된 데이터는 아주 오래전부터 존재했어요. 고대 이집트의 기록물을 보면 농산물 생산량이나 인구에 대한 데이터를 확인할 수 있어요. 고대 로마에서도 5년에 한 번 세금을 걷거나 군대에서 필요한 병사를 모집하기 위해 인구조사를 했어요. 기원전 204년의 인구

조사 결과도 문헌으로 남아있지요.

우리나라도 오래전부터 데이터를 수집해 기록을 남겨놓았답니다. 신라에서는 3년에 한 번씩 각 마을의 인구수와 가축의 숫자, 토지의 면적 등을 기록했어요. 이 문서는 지금까지 전해 내려오는데 이를 신라장적(帳籍), 또는 신라 촌락 문서라고 불러요. 조선 시대에도 3년에 한 번씩 인구와 가구 조사를 통해 데이터를 수집하고 정리하여 문서로 남겨두었어요. 이러한 형태의 조사는 지금까지 이어져 지금도 5년에 한 번 전국의 모든 가구를 대상으로 인구 등을 조사하고 있어요.

이렇게 나라에서 데이터를 수집한 이유는 나라를 다스리기 위해서는 인구와 가구, 생산물 등에 관한 데이터, 다시 말해 정보가 필요했기 때문이죠. 인구나 가축 수를 조사하는 것은 세금을 걷거나 전쟁을 대비해서 군대에 보낼 수 있는 사람이 몇이나 되는지를 살펴보기 위한 목적이었어요.

이처럼 데이터를 분석해서 의미 있는 정보와 지식을 찾아내는 시도는 예전부터 존재했어요. 그러나 지금의 빅데이터 환경과 비교하면 데이터의 양은 물론 질과 다양성 측면에서 차원이 다르다고 볼 수 있어요.

앞에서도 설명했지만 예전에는 기록으로 축적되는 데이터의 양도 적었고, 종류도 다양하지 못했지요. 예전엔 사진이나 동영상 같은 데이터도 없었고, 오직 글로 적거나 그림을 그려야 했으니까요. 또 생성되는 속도도 지금과는 비교할 수 없이 느렸어요. 글을 쓸 수 있는 사람도 많지 않았고, 기록을 남기는 데에도 오랜 시간이 걸렸거든요. 과거와 달리 데이터가 많이 쌓이게 되면 이런 데이터를 이용해서 중요한 정보나 지식을 발견할 기회가 많아지겠지요?

앞에서 빅데이터의 특징을 3V라고 이야기한 것 기억나나요? 규모가 크고, 형태도 다양하고, 속도도 빠른 것이 빅데이터의 특징이라고요. 그런데 어떤 사람들은 여기에 빅데이터의 활용의 중요성을 강조하면서 가치(Value)를 더해 4V라고도 불러요. 왜 가치라는 단어를 더한 걸까요?

빅데이터를 잘 활용하면, 기업은 돈을 벌 수 있는 새로운 기회를 찾을 수 있고 정부는 사람들이 원하는 정책을 만들 수 있기 때문이에요. 마치 지하 어딘가에 귀중한 광물이 감춰져 있듯이 방대한 규모의 빅데이터 속에는 가치 있는 정보가 숨겨져 있다는 의미에요. 이런 점에서 빅데이터는 산업혁명 시기의 석탄처럼 중요한 자원으로 주목받고 있어요. 디지털 세상에서는 데이터의 중요성이 과거 그 어느 때

보다 크다고 할 수 있어요. 그래서 마치 돈이나 아파트와 같은 가치를 지닌 재산처럼 여겨지기도 해요. 심지어 데이터를 "21세기의 석유"라고 말하는 사람도 있을 정도예요. 지하에 감춰져 있지만 캐내기만 하면 가치 있는 자원으로 활용될 수 있기 때문이죠.

그럼 도대체 데이터를 어떻게 활용한다는 걸까요? 데이터를 잘만 활용하면 자원이 된다니, 대체 이게 무슨 말일까요? 빅데이터는 어떤 일을 할 수 있는 것일까요?

빅데이터 기술을 활용하면 내가 좋아할 만한 책이나 동영상을 추천받을 수 있고, 내가 앞으로 걸릴 질병도 미리 알 수 있다고 해요. 빠르게 외국어를 번역할 수도 있고, 스포츠에서 이기기 위한 전략을 짜는 데도 도움이 된다고 해요. 빅데이터는 또 어떤 이로움을 우리에게 줄 수 있을까요? 빅데이터가 만드는 기적 같은 이야기 속으로 더 깊이 들어가 볼까요?

여러분은 '구글'이라는 기업에 대해 알고 있죠? 구글은 네이버나 다음과 같이 검색사이트를 운영하는 기업이에요. 1998년에 설립되었으니 20년도 채 안되어 엄청나게 빠른 속도로 성장하고 있는 기업이에요. 2017년 11월 기준으로 기업 규모가 세계에서 두 번째로 큰 기업이라고 해요. 1위는 애플이고 3위는 마이크로소프트예요.

우리에게 잘 알려진 구글 검색사이트는 미국 검색시장 점유율의 80%에 달할 정도로 큰 규모를 자랑하죠. 심지어 구글의 유럽 시장 점유율은 90%를 넘는답니다. 우리는 흔히 구글을 검색 사이트로 알고 있지만 사실 구글은 여러 가지 첨단 사업을 펼치는 회사예요. '유튜브'라는 인기 동영상 사이트를 운영하고 있는 건 물론이고, 자동번역시스템과 무인자동차를 개발하는 등 다양한 사업을 벌이고 있어요. 또 풍력이나 태양광 같은 대체에너지 사업에까지 나서는 등 미래 첨단산업이라면 손을 대지 않는 것이 없는 회사죠.

자동 번역시스템이나 무인자동차 개발, 대체에너지 사업이 서로 관계가 없어 보인다구요? 그렇지 않답니다. 앞에서 설명했듯이 자동 번역시스템도 많은 양의 문서를 빠르게 대조하는 기술이 필요하고, 무인자동차도

도로 상황이나 다른 자동차의 상황 등 대량의 데이터를 빨리 분석하고 처리해서 판단하는 기술이 필요해요. 어느 경로로 가는 것이 가장 빠르게 갈 수 있는지, 지금의 도로 상황은 어떤지 등에 대한 데이터를 빨리 분석하고 처리해야 하거든요. 또 위험한 상황에서도 즉각적으로 위험을 줄일 수 있는 판단을 해야 하지요. 예를 들면 무인자동차가 도로를 주행하는 중에 자동차 앞에 강아지 한 마리가 나타났다고 생각해 봐요. 무인자동차는 이때 핸들을 어느 쪽으로 돌릴 것인지, 브레이크를 밟을 것인지 등을 판단해야 해요. 판단을 하는 건 사람이 아니라 무인자동차에 설치된 인공지능이에요. 그러니 데이터 분석과 판단 기술은 아주 중요하답니다.

구글은 검색 서비스로 사업을 시작했기 때문에 어떻게 하면 원하는 정보를 빨리 찾을 수 있을지를 고민했어요. 구글은 대규모 데이터를 효과적으로 처리하기 위한 전략으로 컴퓨터 장비(hardware)는 가능한 한 값싼 것을 대규모로 사용하고, 그 성능을 최대한 끌어 낼 수 있는 소프트웨어(software)는 자신들이 직접 개발하기로 했지요.

하지만 가격이 저렴한 하드웨어를 대량으로 이용하면 기계가 고장날 가능성이 많아요. 그래서 구글은 처음부터 고장 발생을 전제로 시스템을

설계해요. 분산파일 시스템은 이를 위해 개발된 구글의 독자적인 기술이에요. 분산파일 시스템은 같은 파일을 여러 개 복사해서 여러 곳에 분산시켜서 저장하는 것을 말해요. 또 파일의 내용과 위치에 대한 정보도 여러 개의 복사본을 만들어 저장해요. 이렇게 파일의 내용과 정보가 여러 대의 컴퓨터에 나뉘어 저장되면 검색 시간이 단축되지요. 또한 여러 곳에서 동시에 검색이 이루어져도 어느 한 곳에 작업량이 집중되지 않아 장비의 고장을 최소화할 수 있어요. 예를 들어 한국에 있는 이용자가 특정 단어를 검색하면 저장된 복수의 정보 중에서 이용자와 가장 가까운 곳에 있는 정보를 찾아내 검색하게 되지요. 따라서 한 대의 컴퓨터가 고장이 나도 거기에 담겨 있는 정보는 다른 곳에 복사본이 존재하기 때문에 데이터가 사라질 염려도 없어요. 이외에도 대용량 데이터를 빨리 읽고 처리할 수 있는 기술도 개발했어요. 한 마디로 구글은 빅데이터를 빠르게 처리할 수 있는 장비와 빅데이터 분석용 프로그램 언어를 개발한 빅데이터 시대를 개척한 선구자라고 할 수 있는 것이죠.

　구글은 대규모 데이터를 저장하고 처리하기 위해서 데이터 센터라고 부르는 대규모 시설을 여러 곳에서 운영하고 있어요. 데이터 센터는 대규모 저장 장치와 처리 장치로 되어 있어서 전력 소모가 엄청나요. 그리고 장비에서 내뿜는 열기 때문에 항상 에어컨을 가동해야 해요. 그래서 구글은 어떻게 하면 전력 소모를 줄일 수 있을까 고민을 했어요. 그 결과 날씨가 추운 북쪽 지방이나 바람이 많이 부는 바닷가에 데이터 센터를 짓기도 했어요. 또 저렴하고 안정적인 에너지를 확보하기 위해 풍력이나 태양광 등 대체 에너지 개발 사업에도 관심을 기울이기 시작했던 것이죠. 어때요, 이렇게 보니 구글의 사업은 모두 빅데이터 처리와 분석과 관련된 사업이라고 볼 수 있겠지요?

2장

빅데이터는 세상을
어떻게 바꾸고 있을까요?

빅데이터는 어떻게 자원이 될까요?

블로그나 SNS에 올린 내용을 분석하면 글을 쓴 사람의 성향을 분석할 수 있어요. 또 그 사람이 평소에 어떤 사람들과 관계를 맺고 있는지도 분석이 가능하죠. 즉 그 사람이 쓴 글의 내용을 분석하면 어떤 음식을 좋아하는지, 수학보다 영어를 더 좋아하는지, 친하게 지내는 친구는 누구인지, 지난 주말에는 어떤 곳을 방문했는지 알 수 있고, 생일에 어떤 선물을 주면 기뻐할지도 짐작할 수 있어요. 정말 과거에는 상상할 수도 없는 일이 일어나고 있는 셈이죠. 만약 여러분이 친구의 생일에 무슨 선물을 할지 고민하고 있다면 친구의 SNS에 들어가 보면 어떨까요? 친구가 올린 글과 사진을 보면 어떤 선물을 좋아할지 짐작할 수 있지 않을까요?

그런데 이렇게 데이터 분석을 활용하는 기회를 기업에서

놓칠 리 없겠죠? 기업은 일찍부터 데이터의 중요성에 주목했어요. 왜냐하면 고객의 개인별 데이터를 활용하면 상품 판매량을 높이고 회사의 이익을 늘릴 수 있을 거라고 생각했거든요. 그래서 기업은 예전부터 보유하고 있는 고객 데이터를 활용해서 상품을 판매하기 위한 다양한 활동을 벌여왔어요. 고객 데이터를 분석하면 고객의 의도를 파악할 수 있고 이를 기초로 오랫동안 고객으로 유지할 수 있다고 생각했거든요.

기업은 구체적으로 데이터를 어떻게 활용해 회사의 이익을 만들어 냈을까요? 기업은 고객 데이터를 분석해서 고객이 좋아할 만한 상품을 추천하거나 다양한 마케팅 활동을 벌여왔어요. 물론 이러한 마케팅 활동은 빅데이터 시대 이전에도 존재했던 마케팅 활동이에요. 최근에는 이런 마케팅 활동이 더욱 발전했어요. 예를 들면 위치기반 서비스 (LBS)*를 이용해서 고객이 원하는 서비스를 적시에 적절한 장소에서 제안하기도 해요.

> ★ **위치기반서비스(Location Based Service, LBS)**
> 이동통신망이나 위성항법장치(GPS) 등을 통해 얻은 위치 정보를 활용해 제공하는 여러 가지 서비스. 내비게이션이나 길찾기 앱 등에서 주로 사용된다.

예를 들어 여러분이 자주 이용하는 마트를 지나갈 때 스마트폰으로 '생수 할인 쿠폰 문자'를 받는다면 어떻게 생수가 얼마 남지 않았는지를 알고 쿠폰을 보냈을까 하고 놀랄 수도 있어요. 하지만 이 역시 모두 빅데이터가 해내는 일이 랍니다. 여러분이 자주 이용하는 마트라면 생수를 사는 주기를 데이터로 저장해 두었을 거예요. 또 스마트폰의 위치 정보를 이용하면 마트 근처를 지나간다는 것을 알 수 있게 되지요. 그래서 이러한 서비스가 가능해지는 것이죠.

미국 아마존 서점의 웹사이트를 방문한다거나 우리나라 교보문고 웹사이트를 방문해서 어떤 책을 검색하면 '이 책을 산 사람이 함께 산 책'이라는 설명과 함께 몇 권의 책을 추천해 주는 서비스를 볼 수 있어요. 이런 도서 추천 시스템도 빅데이터 분석으로 가능한 일이에요.

그런데 빅데이터를 기업에서만 활용하고 있는 것은 아니에요. 빅데이터는 다양한 분야에서 활용되면서 그 가치를 인정받고 있거든요. 빅데이터를 잘 활용하면 사람들에게 많은 도움을 줄 수 있기 때문이죠. 실제로 전염병 예측에 빅데이터를 활용한 사례도 있어요.

구글은 사람들이 독감에 걸리면 인터넷에 독감과 관련된 단어를 검색한다는 사실을 알아냈어요. 그래서 구글은 검색어를 분석해 독감 환자 수와 유행 지역을 예측하는 독감

동향 서비스를 개발했는데, 이 서비스는 미국의 질병통제본부가 발표하는 독감 예측보다 훨씬 더 빨리 독감의 유행지역과 환자 수를 예측할 수 있었어요.

그동안 미국의 질병통제본부는 실제로 독감 증상이 있는 사람들이 병원에 찾아와서 진료를 받게 되면 기록되는 의료 데이터를 기초로 독감의 유행을 예측했어요. 그러다보니 데이터를 모으고 분석하려면 시간이 많이 걸릴 수밖에 없었죠. 반면 구글의 서비스는 인터넷에 검색한 검색어와 GPS* 기반의 지역 정보를 바탕으로 독감 동향을 예측했기 때문에 빠른 시간에 결과를 받아볼 수 있었던 거예요.

> ★ **위성항법장치(Global Positioning System, GPS)**
> 인공위성에서 보내주는 신호로 현재 위치를 파악하게 하는 장치. 위치기반서비스 안에 포함된다.

구글의 독감동향 서비스가 데이터의 처리 속도와 예측속도의 중요성을 확인한 사례라고 볼 수 있다면 데이터의 규모가 중요하다는 것을 확인한 사례로는 구글의 자동번역시스템이 있어요. 구글은 수천만 권의 도서 정보와 유엔, 유럽의회, 웹 사이트의 자료를 활용해 60여 개의 언어 간자동번역 시스템을 개발했어요.

만약 어떤 문장에서 '사과'라는 단어가 나온다면 과일을 의미하는지, 용서를 빈다는 것을 의미하는지 사람들은 금방 앞뒤 문장을 보고 판단할 수 있어요. 하지만 그동안 기계는 사람처럼 빠르고 정확하게 번역을 할 수 없었어요. 컴퓨터가 자동으로 사람처럼 번역하게 만들기 위해서 구글은 서로 비교할 수 있는 문서를 많이 모았어요. 예를 들어 영어로 쓴 책과 한글로 번역된 책이 엄청나게 많이 있다면 어떤 상황에서 '사과'를 'apple'로 번역하는 것이 정확한지 참고할 수 있는 문장이 많기 때문에 정확하게 번역할 가능성이 높아지게 되는 것이죠. 참고할 자료가 많을수록 번역의 정확성이 높아지기 때문에 이를 '통계적 기계 번역(Statistical Machine Translation)'이라고 불러요. 그래서 서로 참고할 수 있는 문서가 많은 언어끼리는 번역의 정확도가 더 높아요. 예를 들어 라틴어는 이제 사람들이 사용하지도 않고 책도 많이 출판되지 않기 때문에 영어를 라틴어로 번역하면 정확도가 떨어지게 되죠.

사실 IBM도 캐나다 의회의 문서를 활용해 영어·불어 자동번역 시스템 개발을 시도했지만 실패한 경험이 있어요. 사람들은 IBM이 개발할 당시에는 번역에 활용된 영어와 불어로 된 문서의 양이 많지 않았기 때문에 정확도가 떨어졌다고 평가해요.

데이터 분석은 선거 예측에도 커다란 도움을 주었어요. 일반적으로 선거 예측은 주로 전화를 거는 방법을 사용해요. 그런데 이 방법은 몇 가지 문제가 있었어요.

먼저, 전화를 걸어도 받지 않거나 전화를 받아도 응답을 거부하는 사람들이 있다는 것이었어요. 전화를 받지 않거나 응답을 거부하는 사람들이 많아지면 예측의 정확성이 떨어질 수밖에 없어요. 예를 들어 대통령 선거에 A후보와 B후보가 나왔다고 가정해 봐요. 실제로 A후보를 지지하는 사람들이 더 많았지만, A후보를 지지하는 사람들 중 많은 사람들이 전화를 받지 않거나 답변을 하지 않았어요. 반면 B후보를 지지한 사람들은 열심히 답변을 했어요. 이런 상황이 되면 B후보가 대통령에 당선될 가능성이 높다고 예측하기 쉽겠죠. 실제로 B후보보다 A후보를 지지하는 사람들이 많은데도 말이에요.

두 번째 문제는 전화 질문에 응답한 사람이 100% 투표하러 가지는 않는다는 점이었어요. 전화로 질문할 때는 A후보를 지지하는 사람들이 많았지만 정작 투표 당일 A후보를 지지하는 사람들은 투표하러 가지 않고 B후보를 지지하는 사람들은 모두 투표를 하러 갔다면 조사한 것과 다른 결과가 나오겠지요.

오히려 트위터 분석이 당선자 예측을 더 잘하는 경우도 있어요. 실제로 2016년 열린 미국 대통령 선거에서도 이와 같은 결과가 나타났어요. 기존의 여론조사 분석에서는 민주당의 힐러리 후보가 대통령이 될 것이라고 나왔어요. 하지만 구글의 독감 분석처럼 인터넷에 올라온 후보와 연관된 기사와 글을 활용한 검색어 분석에서는 공화당의 트럼프 후보를 당선자로 예측했어요. 이런 결과가 나온 이유는 여론조사는 응답하는 사람들이 자신의 의사를 제대로 밝히지 않을 가능성이 있고, 또 조사에는 참여했지만 실제 투표는 하지 않는 사람도 생기는 반면, 인터넷에 올린 글을 쓴 사람들은 정치 활동에 적극적으로 참여하고 실제로 투표에 참여할 가능성이 높기 때문일 것이라고 추측할 수 있어요.

우리가 흔히 사용하는 길 안내 서비스도 빅데이터가 중요하게 쓰이는 분야에요. 여러분은 처음 방문하는 곳을 찾아갈 때 어떻게 길을 찾나요? 길 찾기 앱을 활용하면 낯선 곳이라 해도 헤매지 않고 정확하게 길을 찾아갈 수 있어요. 자동차를 운전할 때도 마찬가지죠. 내비게이션에서 알려주는 방향대로 따라가면 쉽게 길을 찾을 수 있어요. 게다가 내비게이션은 차량이 많거나 사고가 나서 막히는 길을 피해서 안내를 해 주기 때문에 시간과 연료를 절약할 수도 있어요. 그런데 내비게이션은 어떻게 막히지 않는 길을 찾아서 안내해주는 걸까요? 도로 곳곳에 설치한 CCTV영상을 분석하면 교통사고 여부와 통행량을 분석해서 차량 흐름이 앞으로 어떻게 변할지를 예측할 수 있어요. 만약 모든 차량에 센서를 부착한다면 차량의 이동 속도를 계산할 수 있어 더 정확하게 교통흐름을 예측할 수 있어요. 내비게이션은 이런 정보를 활용해 길 안내를 하는 것이죠.

최근에는 차량의 운행기록 데이터를 분석해서 자동차 보험료를 정하는 서비스도 나왔어요. 운행기록 데이터를 분석해서 급가속이나 급제동을 하지 않고 안전하게 운전하는 운전자라면 사고를 낼 위험이 적기 때문에 자동차 보험료를 할인해 주는 거예요. 안전 운전을 하는 운전자는 보험료를 절약할 수 있겠지요? 보험료를 할인받으려고 안전 운전을 하는 운전자가 많아지는 효과도 있어요. 그렇게 되면 과속을 하지 않아 매연 발생도 줄어 환경 보호에도 도움이 되지요. 또한 교통사고도 줄어 안전한 사회를 만드는 데도 도움을 줄 수 있어요.

빅데이터를 활용해서 심야버스 노선을 정한 사례도 있어

빅데이터 활용의 예

요. 서울시는 심야시간대(밤 11시30분~새벽 3시)에 운행하는 '올빼미 버스' 노선을 정하기 위해서 이동통신회사의 통화량 데이터를 분석했어요. 그 결과 시간대별로 어떤 지역에서 통화가 많은지를 알 수 있었고 심야시간대에 유동 인구가 많은 지역을 지나는 버스 노선을 새로 만들 수 있었어요.

이처럼 빅데이터를 활용한 분석은 사람들에게 많은 도움을 주고 있어요. 빅데이터 기술을 활용하면 우리 생활 곳곳에서 편리함을 누릴 수 있는 것이죠. 또 정확한 분석으로 미래를 예측하고 이를 대비하거나 준비할 수 있으니까요.

안젤리나 졸리는 왜 유방절제 수술을 했을까요?

여러분은 혹시 '안젤리나 효과'라는 말을 들어 보셨나요? 이것은 헐리우드 스타 안젤리나 졸리의 이름을 딴 말이에요. 헐리우드의 많은 영화에서 매력적인 연기로 인기를 모은 안젤리나 졸리는 지난 2013년 유방절제 수술을 했어요. 보통 유방절제 수술은 유방암에 걸린 환자가 암세포를 제거하기 위해 받는 수술이에요. 그런데 놀랍게도 안젤리나 졸리는 유방암에 걸리지도 않았고, 다른 병도 없었어요.

안젤리나 졸리는 왜 건강한데도 불구하고 유방절제 수술을 받았을까요? 바로 유방암 예방 차원에서였어요. 안젤리나 졸리는 미국의 대표적인 신문《뉴욕 타임스(New York Times)》에「나의 의학적 선택」이라는 글을 실었어요. 이 글에서 그녀는 자신이 유방암에 걸릴 확률이 87%에 달해 양쪽 유방 모두를 절제했다고 밝혔어요. 즉, 아직 병에 걸리지는 않았지만, 자신이 병에 걸릴 확률이 높다는 것을 미리 알게 되었기 때문에 예방 차원에서 수술을 했다는 것이었지요. 안젤리나 졸리의 어머니도 유방암으로 고통을 받다 돌아가셨고 외할머니도 역시 유방암에 걸렸다고 해요. 그녀는 자신 역시 외할머니나 어머니처럼 유방암에 걸릴 수 있다고 생각했고, 과감한 결단을 하게 된 것이죠.

이러한 안젤리나 졸리의 수술 소식은 엄청난 화제가 되었어요. 이 소식이 전해지자 전 세계적으로 유방암 유전자 검사에 대한 관심이 급증했지요. 그녀는 이 일로 유명한 주간지《타임(TIME)》의 표지를 장식했어요.《타임》에서는 표지에 그녀의 사진 위로 크게 '안젤리나 효과(The Angelina Effect)'라고 적었어요.

그런데 안젤리나 졸리는 자신이 유방암에 걸릴 확률이 높다는 것을 어떻게 알 수 있던 것일까요? 과학이 발전하면서 인간은 개인 고유의 유전 정보를 담은 DNA*를 분석하는 기술을 갖게 되었어요. 안젤리나 졸리도 바로 DNA 분석 기술을 통해 자신의 유전자를 확인했던 거예요.

사람들의 유전자 정보는 부모로부터 물려받게 되는데 유전자는 사람마다 고유한 정보를 가지고 있어요. 머리카락 색깔이 까맣다든지, 눈동자 색깔이 갈색이라든지, 키가 크다든지 등등의 정보는 모두 유전자에 담겨있지요. 그런데 이 유전자에는 키나 체중, 눈동자의 색깔과 같은 외적인 특징뿐만 아니라 질병에 대한 정보도 담겨있는 것이죠.

이러한 개개인의 유전자 정보를 분석하면 성격이나 체질, 재능도 알 수 있고 암이나 당뇨병과 같은 질병에 걸릴 가능성도 알 수 있답니다. 물론 아직까지 유전자의 기능이 모두 밝혀지지는 않았어요. 더구나 수많은 질병을 일으키는 유전자를 모두 알아내려면 더욱 많은 시간과 노력이 필요하겠죠.

하지만 빅데이터 분석 기술이 적용되면서 유전자 정보를 분석하는 기술은 획기적으로 발전하고 있어요. 개인의 유전자 정보가 담겨 있는 것을 '유전자 지도(Genome Map)'★라고 불러요. 지도를 보면 땅의 모습과 각 지역에 어떤 건물

★ 유전자 지도(Genome Map)
염색체 안에 어떤 유전자가 어느 위치에 있는지를 나타낸 것.

이 있는지 알 수 있잖아요? 마찬가지로 유전자 지도에는 그 사람의 특징에 관한 모든 정보가 담겨 있는 거예요.

만약 폐암에 걸릴 위험이 높은 사람이 어떤 유전자 정보를 가지고 있는지를 알아내려면 어떻게 해야 할까요? 우선 폐암에 걸린 사람들의 유전자 지도를 분석해서 어떤 공통점이 있는지를 알아내야만 할 거예요.

그런데 사람의 유전자 지도는 엄청난 규모의 데이터로 구성되어 있기 때문에 대규모 데이터를 빨리 처리하고 분석할 수 있는 빅데이터 분석 기법이 활용되고 있어요. 유전자 정보 분석에 빅데이터 기술이 결합되면서 의학이 더욱 획기적으로 발전하고 있는 것이에요. 이제는 질병에 걸린 후에 병을 치료하는 것이 아니라 질병에 걸리기 전에 그 사람이 걸릴 질병을 미리 알아내서 이를 막기 위한 대책을 제시할 수도 있게 되는 것이죠.

뿐만 아니라 질병의 치료에도 빅데이터는 큰 도움을 줄 수 있어요. 환자의 유전자 정보와 치료 기록을 분석하면 비슷한 병에 걸린 다른 환자에게 어떤 치료 방법을 사용하면 더 효과적인지를 알 수 있거든요.

만약 암이나 치매, 심장병 등 인간의 생명을 위협하는 중

요한 질병의 원인을 유전자 분석을 통해 밝혀낸다면 여러분이 앞으로 걸릴 질병을 미리 알아내서 이상이 있는 부분을 고치는 것도 가능하게 되겠죠.

예를 들면 이런 일들도 가능해 질 거예요. 현재 연구가 진행되고 있는 유전자 가위라는 기술은 DNA를 종이처럼 잘라내는 기술이에요. 이 기술을 이용하면 이상이 있는 DNA 부위를 잘라내고 정상 DNA로 갈아 끼울 수가 있어요. 그렇게 되면 다양한 유전병의 원인이 되는 돌연변이 세포를 교정하고 항암세포 치료제를 만들 수 있어요. 또 유전자 조작을 통해서 특정 부위가 발달한 동물을 만들 수도 있지요. 사람이나 동물뿐만 아니라 식물에도 이 기술을 적용할 수 있어요. 그렇게 되면 병충해에 강한 농작물을 만들어 식량문제를 획기적으로 해결할 수도 있겠지요?

물론 아직까지는 이러한 유전자 조작이나 치료 기술이 시험 단계에 있기 때문에 이 기술이 안전한 것인지 밝혀내야 해요. 그리고 무엇보다도 태어난 아기의 유전자를 조작해서 체질이나 성격을 바꾸는 일이 윤리적인지에 대해 의문을 제기하는 사람들도 많은 상황이에요.

의료 빅데이터 분석의 필요성을 주장하는 사람들은 더 많은 사람들의 유전자 정보를 분석할수록, 또 더 많은 병원 진료 정보를 분석할수록 환자 개개인의 특성을 고려한 안전한 맞춤형 진료가 가능해지고 이를 통해 의료비용도 절감할 수 있다는 점을 강조하고 있어요. 반면에 의료 빅데이터의 위험성을 주장하는 사람들은 질병 치료를 넘어서서 배아나 영아*의 유전자를 조작하는 것 자체가 윤리적이지 않다며 반대하는 입장이에요. 의료 빅데이터 분석은 어떤 방향으로 가야할지에 대해 더 많은 고민과 논의가 필요한 분야라고 할 수 있어요.

> ★ 배아와 영아
> 난자와 정자가 수정된 후 약 한달 정도 지난 어린 개체를 배아라고 하며, 태어난 직후부터 만 1살이 되기 전의 어린 아이를 영아라고 한다.

범죄를 저지르기 전에 범인을 체포할 수 있을까요?

2002년에 개봉한 영화 《마이너리티 리포트》는 2054년 미국 워싱턴의 모습을 그린 미래영화에요. 미국 작가 필립 딕이 쓴 소설이 원작이지요. 이 영화는 살인사건이 발생하기 전에 누가 살인을 저지를지 미리 예측해서 앞으로 살인을 저지를 가능성이 있는 사람을 잡아 가두는 프리크라임 시스템이라는 제도를 운영하는 이야기에요.

영화 속 프리크라임 시스템은 세 명의 예언자의 뇌에 있는 이미지를 영상으로 전환해 주는 기계에요. 세 명의 예언자는 앞으로 일어날 범죄를 미리 예측해 알려주죠. 주인공인 존은 프리크라임 시스템 팀의 팀장인데 예전에 아들이 납치당하는 사건을 겪은 적이 있어요. 그 일을 계기로 그는 같은 범죄가 다시는 일어나지 않도록 미래의 범죄자들을 열심히 추적해요. 어느 날, 프리크라임 시스템은 미래에 벌어질 새로운 살인사건을 예언합니다. 그런데 놀랍게도 이 미래의 살인사건 범인이 바로 존이라는 거예요. 바로 얼마 전까지만 해도 동료들과 미래의 범죄자들을 쫓던 존은 졸지에 예전의 동료들에게 쫓기는 신세가 되고 말아요. 존은 자신의 결백함을 밝히기 위해 애쓰고, 그 과정에서 과거에 자신의 아들을 납치한 뒤 살해한 살인범과 마주쳐요. 존은 자신의 아들을 살해한 범인에게 총을 겨눕니다. 프리크라임 시스템의 예언대로 존이 살인범이 되려는 순간이었어요.

미래에 발생할 살인 범죄를 예측해서 범인을 미리 잡는다니, 영화니까 가능한 일처럼 느껴지나요? 이 영화에 나오는 가상 현실(VR) 기술*을 이용한 오락산업, 홍채인식 기술*, 맞춤형 광고, 자율주행 자동차* 등은 영화가 개봉할 2002년 당시에는

★ **가상 현실(virtual reality, VR) 기술**
어떤 특정한 환경이나 상황을 컴퓨터로 만들어서, 사람이 마치 실제 환경에 들어와 있는 것처럼 보여주고 조작할 수 있게 하는 기술.

엄청난 첨단 기술이었어요. 영화를 보는 관객들은 저런 세상이 정말로 올지 궁금해 했죠. 하지만 영화 속에서 보여준 기술들은 지금 모두 현실에서 실현 가능한 기술들이에요. 심지어 우리와 아주 가까이에 있죠. 그러니 살인을 예방하는 일도 조만간 가능하지 않을까요? 물론

★ 홍채인식 기술
눈의 표면에 위치한 홍채에 형성되는 무늬는 쌍둥이라도 서로 다른데 이를 구별해 신분을 증명하는 기술.

★ 자율주행 자동차
사람이 운전하지 않아도 스스로 움직여 정해진 목적지까지 운행하는 자동차.

미리 범죄를 저지르기 전에 범죄를 저지를 가능성이 있다는 것만으로 미리 체포를 한다거나 범죄자로 낙인을 찍는 일이 옳은 일인지는 생각해 보아야 할 문제예요.

살인을 저지르려는 사람을 잡는 정도까지는 아니지만 오늘날에는 이미 빅데이터 기술을 활용해서 범죄를 예방하는 다양한 시도가 이루어지고 있어요.

미국 샌프란시스코 경찰청은 과거 범죄 발생 위치와 유형, 특징 데이터를 수집하고 분석해서 범죄 현장 지도를 만들었어요. 즉 지금까지 발생한 범죄 데이터를 전부 모아본 것이죠. 그 결과 어느 지역에서 강도 사건이 주로 발생했고, 어느 지역에서 폭행 사건이 많이 발생했는지 등을 확인할 수 있었어요. 그래서 이런 정보를 지도에 모두 표시해서

사람들에게 알려주었어요. 마치 교통사고가 자주 일어나는 도로에 사고가 많이 나는 지역이라는 표지판을 붙여 안전 운전을 유도해서 사고를 줄이는 방식과 비슷해요.

이런 범죄 지도는 시민들에게 유용한 정보가 될 뿐 아니라 경찰에게도 많은 도움을 주었어요. 샌프란시스코 경찰청은 거리별로 자주 일어나는 범죄 유형과 발생 시간 등을 분석했어요. 그리고 특정 범죄 발생률이 높은 지역과 시기를 선정해서 경찰 인력을 배치했어요. 도시는 넓고 순찰할 지역은 많지만 경찰 인력은 한정되어 있기 때문에 이렇게 범죄 발생 데이터 분석을 기초로 순찰 시간과 장소를 정하는 방식은 효율적인 순찰을 가능하도록 만들었어요. 그 결과 범죄를 예방하고 범죄자 검거율을 높이는 효과를 봤어요.

미연방수사국(FBI)은 등록된 범죄자 DNA로 용의자를 색출하는 시스템을 운영하고 있어요. 이 시스템에는 약 백만 건의 범죄자 DNA와 약 삼백만 건의 체포자 DNA 정보가 저장되어 있다고 해요.

미리 수집된 범죄자의 DNA 데이터가 있기 때문에 만약 예전에 범죄를 저지른 사람이 또 범죄를 저지르고 사건 현장에 조그마한 흔적(침이 묻은 컵, 머리카락, 혈흔 등)이라도 남겨 놓는다면 즉각적으로 기존에 등록된 DNA 정보와 일치하는지를 확인해서 누가 범인인지를 알아낼 수 있는 것이죠.

지금은 이러한 DNA 식별 기술을 활용해서 실종자 확인 분야로 확대하고 있어요. DNA 검사 결과로 실종자를 찾는다면 추가로 발생할지도 모를 범죄도 예방하고 실종자를 가족의 품으로 돌려보낼 수도 있어요.

그뿐만이 아니에요. 빅데이터 분석을 이용하면 다양한 범죄 예방도 가능해요. 지금 거리 곳곳에 설치되어 있는 CCTV는 영상 정보를 끊임없이 기록하고 있어요. 이러한 영상 정보를 실시간으로 분석하면 사람이 지켜보지 않더라도 범죄가 발생하는 영상을 자동으로 파악해서 가장 가까운 경찰서나 순찰차에 경보를 알리는 일도 가능해요.

이러한 영상 데이터 분석 기술이 점점 발전하게 되면 범죄가 일어나기 전에 의심이 갈만한 수상한 움직임이나 행동을 사전에 파악해서 미리 경보를 울리는 일도 가능하게 되겠죠. 이렇게 범죄 지도 분석과 영상 분석 기술, DNA 분석 기술이 앞으로 더 발전한다면 영화《마이너리티 리포트》처럼 사건이 일어날 현장에 미리 경찰이 대기하고 있는 모습을 보는 것도 가능하지 않을까요?

환경을 지키고 재난을 막는 빅데이터

　수연이는 지난 주말에 롯데 타워를 방문했어요. 새로 생긴 이 타워는 123층인데 높이가 무려 555미터로 세계에서 네 번째로 높은 건물이라고 해요. 전망대로 올라가는 엘리베이터 안에서 수연이는 어쩐지 불안한 마음이 들었어요. 엘리베이터 안내원은 "이 건물은 진도 9의 강진에도 견딜 수 있도록 설계가 되었다."고 설명했어요. 또 약 20층마다 총 5개소의 피난안전구역이 마련되어 있다고도 했어요. 하지만 수연이는 "이렇게 높은 건물은 안전할까? 만약 이렇게 높은 빌딩에서 불이라도 나면 어떻게 하지?" 하고 생각했어요.

　수연이가 걱정하는 화재와 같은 재난뿐만 아니라 산불이나 홍수, 지진 등과 같은 자연 재해도 빅데이터 분석 기술을 활용하면 효과적으로 대응할 수 있어요.

　인공위성에서 촬영하는 한반도 영상 정보 데이터를 실시간으로 분석하면 산불과 같은 재해도 초기에 발견하여 경보를 자동으로 울리게 할 수 있어요. 또 과거에 발생했던 산불 데이터와 날씨, 풍향 데이터를 분석하면 산불이 일어날 확률이 높은 지역과 시기를 미리 파악할 수 있지요. 만약 그 지역을 집중 감시한다면 한정된 인력과 시설을 효과적으로 활용해서 산불을 막을 수 있을 거예요. 산불은 초기에 대응을 잘 하지 못하면 걷잡을 수 없이 번져서 인명과 재산 피해가 어마어마한 규모로 커지기 때문에 예방과 초기에 불길을 잡는 것이 매우 중요해요.

롯데 타워와 같은 초고층빌딩도 마찬가지예요. 곳곳에 설치된 CCTV와 화재감지장비를 통해 수집되는 대규모 데이터를 실시간으로 분석한다면 화재가 날 경우 자동으로 경보가 울리고 안전한 대피 경로도 제시할 수 있어요.

빅데이터 분석을 활용한 지진 대비 연구도 활발하게 진행되고 있어요. 2016년과 2017년에는 경주와 포항에서 연달아 지진이 일어나서 큰 피해와 혼란이 있었어요. 더 이상 우리나라도 지진에 안전한 나라라고 안심할 수는 없으니 대책을 마련하는 일이 더욱 중요하겠죠?

우리나라는 한국지질자원연구원과 기상청의 관측 자료를 통합해 실시간 지진경보를 하고 있어요. 국가지진정보센터에서는 160여 개의 관측소에서 측정한 지진 자료를 기초로 지진 발생 여부를 감시하지요. 지진이라는 큰 재난을 대비하는 데에도 빅데이터가 중요한 역할을 하고 있는 거예요.

일본은 지진이 발생한 뒤 5초 만에 경보가 울린다고 해요. 우리나라도 10초 이내로 경보를 울리는 것을 목표로 기술을 개발하고 있어요. 2016년 9월 12일 경주에서 규모 5.1의 지진이 일어났을 때는 지진이 발생하고 8~9분이 지난 후에 사람들에게 재난경보 문자가 도착했어요. 다른 지역은 물론 경주에 거주하는 사람 중에서도 문자를 못 받은 사람이 있어서 많은 사람들이 이를 비판했어요. 이후 긴급재난문자발송 체계가 개선되어 포항에서 지진이 일어났을 때는 수도권 지역에도 재난경보 알림 문자가 도착했지요. 재난경보 알림 시스템도 빅데이터를 활용하면 더욱 빠르고 효과적으로 사람들에게 재난경보를 알리고 대피하도록 할 수 있어요. 재난이 언제 일어날지 미리 빠르게 알 수 있다면 재난이 일어나기 전에 사람들에게 안전히 대피할 수 있도록 알려줄 수 있으니까요.

미국 지질조사국은 지진 조기경보 시스템 연구를 진행하고 있어요. 이 연구의 가상 시나리오는 이런 식이에요. 지진이 발생하자마자 스마트폰에 경보 메시지가 울려요. 사람들은 메시지를 확인하는 즉시 비상구를 따라 건물을 빠져나와요. 건물 앞에는 이미 대피 버스가 대기하고 있어요. 사람들이 버스에 타면 네비게이션이 막히는 도로와 지진으로 부서진 곳을 피해서 길을 안내해요. 또 스마트폰의 앱을 이용해서 가족들의 위치를 확인할 수 있어요. 이 모든 시스템이 제대로 작동하려면 모든 데이터를 빠르게 분석하는 기술이 필요하겠죠? 아직은 연구 중이지만 만약 이런 시스템이 완성된다면 사람들은 지진이 일어나도 훨씬 더 안전하게 대피할 수 있고 피해도 줄일 수 있을 거예요.

부산시의 경우 재난안전사고 상황을 한눈에 파악할 수 있는 '스마트 빅보드'를 운영하고 있어요. 과거 강수량과 하천 침수 사례를 분석해 지도 위에 나타내는 빅데이터 활용 시스템이에요. 예를 들어 과거의 강수량과 하천 침수 사례를 분석하면 어떨까요? 특정 시기에 어느 정도로 비가 많이 오는지, 어느 정도의 비가 오면 어떤 지역의 하천이 넘쳐 피해를 입을지 예측할 수 있겠지요. 그러면 데이터 분석을 바탕으로 빠른 시간에 경보를 내려 시민들이 안전하게 대피하도록 할 수 있을 거예요. 또 강수량의 변화를 분석해서 만약 강수량이 늘어나는 추세라면 피해를 예방하기 위해서 하천 시설을 미리 정비하는 결정도 내릴 수 있을 거예요.

또한 빅데이터는 환경 오염을 해결하는데도 활용되고 있어요. 최근 미세먼지 문제가 심각한 환경 문제로 대두되고 있어요. 이 문제를 해결하는 데에도 빅데이터가 큰 역할을 하고 있어요. 수십에서 수백 미터 간격으로 설치한 공기질 측정기에서 모은 데이터를 기상관측자료와 산업단지 배출시설, 인구밀도, 유동인구, 교통량, 날씨, 질병 정보 등 다양한 환경 관련 빅데이터를 결합해서 미세먼지 대응 서비스를 제공할 수 있지요. 빅데이터 정보를 활용하면 살수차의 이동경로를 효율적으로 정할 수 있고 어린이나 노인 등 건강 취약계층에게 맞춤형 미세먼지 대응 문자메시지도 제공할 수도 있으니까요.

멸종위기동물관리에도 빅데이터가 활용되고 있어요. 밀림에 센서와 카메라를 설치하면 동식물의 상태와 강수량, 기온, 태양 복사열 등과 관련된 빅데이터를 수집하고 분석할 수 있거든요. 말레이시아와 탄자니아에서는 이러한 시스템을 활용해서 국립공원의 말레이곰과 흰코사향고양이, 네발가락코끼리땃쥐 등이 멸종 위기라는 것이 밝혀져 보호 대응에 나섰어요. 우리나라도 국립생물자원관에서 자생생물 빅데이터 정보 통합 서비스를 2017년에 만들었어요. 이 서비스는 야생생물유전정보시스템, 멸종위기야생생물시스템, 유용생물자원정보시스템 등의 빅데이터 정보를 통합해서 '한반도의 생물다양성' 정보를 제공하고 있어요.

이렇듯 빅데이터가 우리 생활 곳곳에서 활용되어 우리를 보다 편리하고 안전하게 만들어주고 있어요. 하지만 빅데이터

는 좋은 점만 있을까요? 자연과 환경을 보호하는 일을 게을리 할 경우 온난화와 오존층의 파괴로 지구에 재앙이 닥치듯, 데이터가 만들어지고 이용되는 과정에서 우리가 주의를 소홀히 해서 피해를 입게 되는 일은 없을까요?

여러분은 혹시 '염소의 저주'라는 말을 들어 보았나요? 1945년 시카고 컵스와 디트로이트의 월드시리즈 경기에서 있었던 일이에요. 시카고 컵스의 팬 한 명이 염소를 끌고 야구장에 입장을 하려 했어요. 당연히 사람들은 염소를 야구장에 들일 수 없다고 입장을 거부했죠. 염소 때문에 입장을 거부당한 팬은 '컵스는 월드시리즈 우승을 못할 것'이라는 저주를 퍼붓고 돌아갔어요.

그런데 이 저주 때문인지 정말로 시카고 컵스는 이 경기를 포함한 월드시리즈에서 3승 4패로 지고 말아요. 그 이후로도 컵스는 월드시리즈에서 오랫동안 우승하지 못했어요. 사람들은 시카고 컵스의 부진을 보며 '염소의 저주'라고 말했어요. 1908년 이후로 100년이 넘도록 우승을 하지 못했으니 그 저주는 정말이지 오랫동안 지속된 셈이죠. 그런데 정말로 오랜만에 시카고 컵스는 우승컵을 거머쥡니다. 2016년 클리블랜드와의 월드시리즈 최종 7차전에서 연장 10회에 8:7로 승리한 거예요. 108년 만에 '염소의 저주'를 풀게 된 것이죠.

저주를 풀게 된 비결이 뭘까요? 108년 만의 시카고 컵스 우승에는 빅

데이터 분석이 중요한 역할을 했어요. 시카고 컵스는 선수들의 부상을 방지하기 위해 선수들이 평소 연습하거나 경기하는 모습을 영상으로 담아 동작 하나하나를 모두 데이터로 바꾸어 분석을 했어요. 이 데이터를 분석해서 평소 선수들의 동작과 조금이라도 다른 동작이 나타나면 원인을 파악해서 자세를 교정하거나 휴식을 취하게 했지요. 그 결과가 바로 우승으로 이어진 것이에요.

야구에서는 투수가 던진 투구 수와 공의 속도, 타자가 안타를 칠 확률은 기본이고 특정 타자가 특정 투수와 만났을 때의 얼마나 안타를 치는지, 1루로 진출하는 확률은 얼마나 되는지 등 다양한 수치를 기록해요. 미국 메이저리그에서는 전 경기의 데이터를 수집해서 분석하는 시스템을 2015년부터 도입했어요.

우선, 경기장 곳곳에 설치한 장비를 통해서 야구공의 속도와 궤적은 물론 투수와 수비수, 타자의 움직임을 일일이 측정하고 분석해요. 얼마나 다양한 데이터를 확인할 수 있을까요? 투수가 던지는 공의 속도는 그냥 속도와 상대 속도*로 구분해서 측정하고, 수비수의 경우에는 타자가 공을 친 모습을 보고 수비를 하기 위해 첫 발을 떼기까지 걸리는 시간, 가속도, 최고 속도까지도 측정해요. 이렇게 쌓인 데이터가 한 게임 당 평균 7.3테라바이트에 달한다고 하니 그 규모가 어마어마하죠?

이렇게 스포츠에서도 데이터를 모아 분석을 하면 시합에서 이길 수 있는 방법을 찾을 수 있어요. 예를 들어 상대방 팀이 어떤 투수를 내보

> ★ **상대 속도** 어떤 한 물체에서 다른 물체를 보았을 때 느끼는 상대적인 속도. 야구에서 상대 속도는 타자가 느끼는 속도로, 타자는 똑같이 시속 150Km의 속도로 투수가 공을 던지더라도 키가 크고 팔이 긴 선수가 던지는 경우 키가 작고 팔이 짧은 선수가 던지는 공보다 공이 더 빠르다고 느끼게 된다.

내는지에 따라 최근에 그 투수의 공을 잘 쳤던 타자를 내보내는 전략을 짤 수 있어요. 또 선수를 스카우트할 때도 선수의 실력에 관한 다양한 데이터가 있어야 자신의 팀에 필요한 선수를 찾을 수 있어요.

우리나라 강정호 선수가 활약한 피츠버그 파이어리츠팀도 통계 분석을 통해 성공 사례를 만들어냈어요. 선수들의 경기 데이터를 분석한 뒤 상대편 타자의 특성을 파악해서 투수가 유리한 상황을 만들고, 또 상대편 타자의 과거 안타 기록을 분석해서 효과적인 수비를 하도록 했어요. 이렇

게 수많은 데이터 분석을 활용한 실험을 통해서 파이어리츠팀은 2013년에 21년 만에 드디어 포스트시즌에 진출하게 된답니다. 이 팀의 이야기는 『빅데이터 베이스볼』이라는 책으로도 만들어졌어요.

2014년 브라질월드컵에서 우승한 독일 축구 대표팀도 빅데이터 분석의 도움을 받았다고 해요. 독일 축구 대표팀은 훈련 중인 선수들의 어깨와 무릎에 4개의 센서를 부착하고 운동량과 심장 박동수, 슈팅 동작 등에 대한 데이터를 실시간으로 수집하고 분석했답니다. 이를 기초로 수비와 공격 전술을 수정하고 선수들의 컨디션도 조절했다고 해요. 우리가 즐겨 보는 야구와 축구에도 빅데이터 분석이 적용된다고 하니까 스포츠도 과학이라는 말이 이제 실감이 나나요?

이세돌 기사를 이긴 알파고 이야기에서 살펴보았듯이 인공지능과 빅데이터는 매우 밀접한 관련을 맺고 있어요.

현재까지 인공지능은 빅데이터 기술과 결합하면서 특정한 분야에서는 인간 전문가를 능가하지만 사람처럼 보편적이고 종합적인 판단력을 가지는 수준까지는 발전하지 못했어요. 예를 들어 특정 법률 분야에서는 수많은 판례를 분석해서 인간보다 더 정확하고 빨리 법률 검토를 하는 인공지능이라 하더라도, 법률이 아닌 다른 분야에서는 어린아이 수준에도 못 미치기도 해요. 인공지능 기술은 한 분야의 천재를 만드는 수준에는 이르렀지만 평균적인 상식을 가진 보통 사람과 같은 인공지능을 만드는 데는 아직 그 기술이 미치지 못하고 있기 때문이에요.

하지만 인공지능은 빅데이터 기술을 만나 획기적인 발전을 하고 있어요. 앞으로 더 많은 데이터가 생기고 그 처리 속도가 더 빨라지게 되면 인공지능의 수준도 비약적으로 발전하게 될 가능성이 충분해요. 인공지능은 빅데이터와 결합하게 되면서 더 많은 일을 할 수 있게 되었거든요. 앞으로 인공지능을 활용하는 분야는 점점 더 많아지게 될 거예요.

미래학자들은 인공지능과 빅데이터가 만나면 지금까지와는 전혀 다른 놀라운 세상이 펼쳐질 것으로 생각해요. 미래학자들은 스마트시티의 모습을 어떻게 그리고 있을까요?

스마트시티에 살고 있는 철수 씨는 아침에 일어나면 집과 자전거로 15분 거리에 있는 사무실로 출근하지요. 이웃집의 선영 씨는 걸어서 출근을 하고, 앞집의 승환 씨는 인터넷과 화상통화를 통해 집에서 근무를 하지요.

집에서 조금 떨어진 도심 한가운데에는 물건을 만드는 스마트공장이 있어요. 공장에서 발생하는 공해 물질이나 오염 물질은 완벽하게 차단되어서 도심 한가운데서도 환경을 오염시키지 않아요. 공장 앞을 지나면 공장에서 일하는 인공지능 로봇이 일하고 있는 모습을 볼 수 있어요. 로봇은 무거운 짐을 나르거나 사람이 직접 하기 위험한 일들을 대신하지요. 공장에는 물건을 쌓아놓는 창고가 없어요. 주문하면 바로 물건을 만드는 시스템이거든요.

일과를 마치고 나면 집 근처에 있는 운동 시설에서 자신이 좋아하는 운동을 해요. 운동을 할 때는 차고 있는 작은 목걸이나 팔찌 안의 센서가 운동량을 자동으로 기록해요. 운동뿐 아니라 하루의 활동량을 모두 데이터로 저장해요. 잠을 자고 있을 때도 맥박과 호흡 등 건강 상태를 측정해요. 이렇게 실시간으로 측정한 건강 상태 데이터는 실시간으로 병원으로 전송되지요. 스마트시티에서는 이렇게 개개인의 건강 상태를 측정한 데이터와 병원 진료 기록, 의료 보험 기록을 모아 치료는 물론 예방까지 책임지는 맞춤형 의료지원서비스인 스마트헬스를 제공해요.

운동을 마치고 오면서 철수 씨는 마트에서 필요한 물건을 주문해요. 이미 집에 있는 냉장고에서 우유와 생수가 다 떨어졌다고 자동으로 주문서를 보냈네요. 집으로 돌아오는 골목길에 희미하게 켜져 있던 가로등은 철수 씨가 지나가자 자동으로 환하게 켜져요. 철수 씨가 아파트 현관을 지나면 엘리베이터가 자동으로 1층으로 내려와요. 이렇게 내가 의도하는 바를 알아서 척척 해결해 주는 스마트시티 덕분에 철수 씨는 여유 있고 풍요로운 생활을 한답니다.

이 이야기 속 철수 씨의 생활은 아주 먼 미래의 일이 아니에요. 이미 이런 기술은 우리 가까이에 다가와 있어요.

우리나라를 비롯해서 많은 나라들은 빅데이터가 변화시킬 미래 도시의 모습에 관심을 기울이고 있어요. 현재 전 세계 인구 중에서 도시에 사

는 사람들의 비율은 54%인데 UN은 2050년에는 이 비율이 70%로 증가할 것으로 예상하고 있어요.

이렇게 도시에 사는 사람들이 많아지면 자연스럽게 도시 문제를 어떻게 효율적으로 해결할 것인지가 지금보다도 훨씬 더 중요해져요. 교통 혼잡, 환경 파괴, 일자리 부족, 쓰레기 처리 등 도시에는 해결해야 할 과제가 많기 때문이죠. '스마트시티'란 도시를 효율적으로 관리할 수 있는 체계를 갖춰서 사람들의 삶의 질을 높이는 도시를 말해요. 이렇게 똑똑한 도시를 만드는데 빅데이터는 빼놓을 수 없는 중요한 요소지요.

하지만 모든 것이 완벽해 보이는 이러한 이상적인 도시가 짧은 시간 안에 만들어지기는 어려워요. 그래서 작은 것부터 빅데이터를 적용해서 해결하려는 시도가 현재 세계 곳곳에서 진행되고 있어요.

프랑스의 해변 도시인 니스에서는 교통량에 따라서 가로등의 밝기를 자동으로 조절하는 스마트 조명을 설치해서 에너지 절약은 물론 차량 절도까지 줄이는 효과를 보았다고 해요. 또 미국은 도시 주요 지역에 적외선 카메라를 설치해서 기후와 대기의 오염 정도, 소음과 진동을 측정하고 이를 분석해서 산책하기 좋은 시간대별 코스 정보를 제공하고 있어요.

　중국의 항저우시에는 얼마 전 '빅데이터 버스'가 등장했어요. 승객이 미리 자기가 갈 곳을 선택해서 예약하면 데이터 센터에서 맞춤형 운행 노선을 만들어요. 버스 노선이 미리 정해져 있는 것이 아니라 그때그때 승객이 원하는 장소로 새롭게 노선이 정해지는 셈이에요. 22명 이상의 승객이 같은 노선을 원하면 버스를 운행해요. 또 항저우시는 주요 도로와 교차로에 4,000개의 지능형 CCTV를 설치했어요. 이를 통해 수집한 차량 흐름 데이터를 분석해서 신호등을 차량 흐름에 맞게 자동으로 조정했지요. 그 결과 차량 속도가 11% 가량 빨라졌다고 해요.

　우리나라도 스마트시티를 만들기 위한 다양한 계획을 세우고 있어요. 서울시는 25개 구청이 보유하고 있는 CCTV 6만 8,000대를 112, 119와 연계할 예정이에요. 이렇게 되면 시민들이 긴급한 상황이 생겨 112나 119로 전화를 걸면 상황이 발생한 곳의 CCTV 영상정보를 활용해서 구조나 구급을 정확하고 신속하게 할 수 있다고 해요. 어때요, 여러분? 안전하고 편리한 미래 스마트시티가 기대되지 않나요?

3장

나는 네가 어젯밤 어디서
무얼 했는지 알고 있다!

누군가 나를 지켜보고 있다!

빅데이터를 활용해서 질병을 예방하고, 범인을 잡고, 또 내가 필요로 하는 물건이나 동영상을 추천해준다면 우리 생활이 한층 편리해질 거라는 건 이제 알겠죠? 그런데 빅데이터는 이렇게 좋은 면만 있을까요?

내가 어떤 물건을 사고 싶은지, 어떤 음식을 좋아하는지를 알아내려면 평소 내가 행동하는 것 하나하나를 데이터로 모아서 분석을 해야 하죠. 마치 우리가 개미의 움직임을 열심히 관찰하다 보면 개미가 어떤 경로로 다닐지를 어느 정도 파악할 수 있는 것과 같은 방식이죠.

우리가 개미를 관찰하듯이 누군가가 나의 행동을 끊임없이 관찰한다면 어떨까요? 만약 누군가가 창 밖에서 내 행동 하나하나를 감시하고 있다면 어떤 생각이 들까요? 내가 모르는 사람이 내가 남긴 기록을 분석해 나에 대해 알아가고, 내가 감추고 싶은 일까지 모두 알 수 있다면 불안한 마음이 들기도 할 거예요. 또 이러한 기록을 나중에 누군가가 필요할 때 확인할 수 있다고 생각하면 인터넷 시대에 사생활 보호(프라이버시)가 정말로 중요하다는 생각을 하게 만들지요. 그렇다면 우리의 일상이 어떻게 기록되는지 수연이의 하루를 따라가며 한 번 알아볼까요?

  2018년 3월 2일, 수연이는 방탄소년단의 '봄날'을 들으며 잠에서 깼어요. 머리맡에 놓인 스마트폰에서 흘러나오는 알람 음악이 울린 시간은 아침 6시 20분. 습관적으로 지난 밤 친구들이 보낸 메시지를 확인한 수연이는 친구들에게 "음, 이제 일어남. 이따 학교서 봐!" 라고 문자를 보냈어요. 좋아하는 방탄소년단 사진도 함께요. 오전 6:22라는 시각이 메시지 옆에 작은 글씨로 나타났어요.
  학교에 갈 준비를 마친 수연이는 엘리베이터에 탑니다. 엘리베이터에 설치된 CCTV는 수연이의 모습을 영상으로 기록합니다. 아파트 단지 입구에서도, 근처 편의점을 지나갈 때도 CCTV는 시간과 함께 수연이를 영상에 담아요.
  성수역에서 청소년 교통카드를 찍고 지하철을 탄 수연이는 스마트폰으로 동영상 사이트에 접속해서 어제 못 본 예능 프로그램을 봤어요. 지하철 안에서 동영상을 보던 수연이는 잠실역에서 내려 30-3번

버스로 환승해요. 교통카드를 쓰지 않으면 환승이 되지 않아 요금을 2배나 내야 하니, 수연이는 교통카드가 참 편리하다고 생각합니다.

학교 앞 버스정류장에서 내린 수연이는 학교 옆 문구점에서 노트와 볼펜을 사고 체크카드로 결제합니다. 수연이가 결제한 체크카드 내역이 문자로 전송되었어요. 결제를 하며 무심코 카운터 위를 올려다보니 여기에도 CCTV가 설치되어 있네요.

횡단보도에서 친구들과 만난 수연이는 새로 산 가방을 자랑하며 스마트폰으로 셀카를 찍습니다. 이 모습도 횡단보도 옆에 설치된 방범용 CCTV에 찍힙니다.

3교시가 끝나자 슬슬 배가 고파졌어요. 학교 홈페이지에 들어가 오늘 급식 메뉴를 확인합니다. 오늘 메뉴는 카레군요.

참! 집에 혼자 두고 온 반려견 흰둥이가 어떻게 지내고 있을까요? 수연이가 스마트폰 앱을 이용해 집안에 있는 청소용 로봇 카메라를 작동시키자 흰둥이가 베란다 앞 방석 위에 누워 따뜻한 햇살을 받으며 졸고 있는 모습이 보입니다. 카메라가 달린 청소용 로봇을 이리저리 움직여 거실 이곳저곳을 살펴봅니다.

수업을 마친 수연이는 집에 가는 버스에서 인터넷 쇼핑몰에 접속합니다. 생일이 한 달 앞으로 다가오자 쇼핑몰에서 생일축하 쿠폰을 보냈거든요. 생일축하 쿠폰을 사용하면 원래 가격에서 5,000원을 할인해준다고 합니다. 수연이는 마음에 드는 청바지를 검색합니다. 검색을 하다 보니 사이트에서 비슷한 스타일의 옷을 추천해줍니다. 사이트는 언제나 수연이의 취향을 정확히 아는 것처럼 마음에 드는 옷만을 보여줍니다. 사이트 추천 원피스도 클릭해 봅니다.

집으로 돌아온 수연이는 영어 학원 숙제를 하기 위해 학원 사이트에 접속합니다. 게시판에서 숙제를 확인하고 인터넷으로 영어 듣기 문제와 독해 문제 풀기 숙제를 해요.

이제 잠자리에 들 시간이에요. 잠자리에 들어서도 수연이는 스마트폰은 손에서 놓지 않아요. 수연이는 동영상 사이트의 미니어처 만들기 동영상을 보다가 잠이 들었어요. 수연이가 잠이 든 후에도 스마트폰 건강 앱은 수연이의 수면 상태를 기록하는군요.

수연이의 행동	데이터(종류)	기록되는 기기
일어나기	알람(음악)	스마트폰
친구에게 문자 보내기	메시지(문자), 사진(영상)	스마트폰
엘리베이터 타기	동영상(영상)	CCTV
아파트 입구, 편의점 앞 통과	동영상(영상)	CCTV
지하철, 버스 타기	탄 역, 내린 역, 환승역(숫자)	카드단말기
지하철에서 동영상 보기	동영상(영상)	스마트폰
노트, 볼펜 사기	금액(숫자), 동영상(영상)	체크카드 단말기, CCTV
친구와 사진 찍기	사진(영상)	스마트폰
횡단보도 지나기	동영상(영상)	CCTV
급식 메뉴 확인	인터넷이동경로(로그)	스마트폰
흰둥이 확인	동영상(영상)	스마트폰, 청소용로봇

인터넷 쇼핑	인터넷이동경로(로그)	스마트폰
학원 숙제	인터넷이동경로(로그)	PC
동영상 보기	동영상(영상)	스마트폰
잠자기	심장 박동(숫자)	스마트폰

어때요? 여러분이 생각한 것보다 훨씬 더 많고 다양한 데이터가 기록되죠? 그런데 사실 모든 데이터는 그 일이 일어난 시간과 장소까지 자동으로 함께 기록해요. 그러니 이런 데이터에 접근할 수 있다면 수연이를 전혀 모르는 사람이라도 시간 순대로 수연이의 하루를 손금 보듯이 정확하게 재구성해 볼 수 있겠죠?

우리의 일상이 이렇게 많이 데이터로 저장되고 있으니, 결국 빅데이터 세상을 만들어 가는 주인공은 바로 우리들인 셈이에요. 그런데 내가 데이터를 만드는 주인공이기도 하지만 거꾸로 데이터가 나를 만들기도 해요. '데이터가 만드는 나'라니 도대체 무슨 이야기인 걸까요?

수연이가 인터넷 쇼핑몰에서 보내온 생일축하 쿠폰을 사용하려고 청바지를 검색했던 장면을 기억하나요? 바로 그때 수연이의 검색 기록이 데이터로 저장되었고, 쇼핑몰 사이트는 그 데이터를 이용해 수연이가 관심이 있을 법한 청

수연이의 하루 with 빅데이터

바지를 보여줬어요. 쇼핑몰 등의 기업에서는 사람들이 자주 찾는 뉴스나 상품 정보를 파악하고 있다가 그 사람이 인터넷을 다시 사용하면 자동적으로 관심이 갈 만한 뉴스나 상품 광고를 보여주는 기능을 활용하기 때문이죠. 수연이의 취향을 정확히 아는 것처럼 마음에 드는 옷을 보여주는 기능도 수연이가 만든 데이터를 근거로 판단하는 기능이에요. 내가 의도적으로 검색하지 않더라도 미리 알아서 알려주는 편리한 기능이죠. 사람들이 인터넷에서 하는 행동 데이터를 잘 모아 정확히 분석하고 예측하는 기술이 점점 발전하고 있기 때문이에요.

인터넷에 쌓이는 정보가 점점 많아질수록 사람들은 이런 추천 기능이 편리하고 필요하다고 생각하게 되었어요. 데이터가 많아지면서 사람들이 어떤 데이터를 선택해야 할지 고민할 시간과 여유가 없어졌기 때문이죠. 그러다 보니 이렇게 데이터의 홍수 속에서 내가 필요한 정보만 골라서 제공하는 큐레이션 서비스(Curation Service)*가 점점 각광받고 있어요. 큐레이션 서비스는 인공지능을 활용해서 자동적으로 제공되기도 해요.

★ 큐레이션 서비스(Curation Service)
데이터의 홍수 속에서 내가 필요한 정보만 골라서 제공하는 서비스.

하지만 이런 편리한 서비스가 장점만 있는 건 아니죠. 내가 좋아할 만한 영상이나 뉴스만을 보여준다면 내가 이용하는 뉴스나 동영상의 종류가 편중될 수도 있어요. 내 행동을 분석해서 추천해주는 기능 때문에 내가 접할 뉴스나 동영상이 특정 분야에만 집중되면 다른 것을 새롭게 알게 되거나 관심을 가질 기회가 사라지니까요. 나도 모르는 사이에 특정한 쪽으로 기울어진 시각을 가지게 될 수도 있는 것이에요. 온실에서 자라는 화초가 바깥의 환경을 모르게 되는 것과 같겠죠? 이러한 현상을 필터 버블(Filter Bubble)*이라고 표현해요.

> **★ 필터 버블(Filter Bubble)**
> 인터넷 정보제공자가 이용자에게 맞춤형 정보를 제공해 이용자는 제한된 특정 정보만을 접하게 되는 현상.

만약 여러분이 서점을 방문했다고 생각해 보세요. 수학 참고서를 하나 골라서 계산대로 가다가 문학 코너를 지나게 되었는데 우연히 눈에 띄는 소설을 발견하는 경우도 생길 수 있어요. 책장에서 뽑아 조금 읽어보니 너무 재미있어서 수학 참고서와 함께 사게 될지도 몰라요. 만약 수학 참고서를 사러 인터넷 서점에서 검색을 했다면 이런 즐거운 우연을 경험할 수 있었을까요? 한두 가지 음식만 편식하는 것이 건강에 좋지 않듯이 인터넷에서 이용하는 정보가 나도 모르는 사이에 한쪽으로 편중된다면 바람직하지 않겠지요?

게다가 이렇게 데이터로 기록된 개인정보로 인해 피해를 볼 수도 있어요. 빅데이터는 우리에게 여러 가지 편리함을 제공해 주지만, 한편 우리를 계속해서 감시하는 역할도 하기 때문이에요. 빅데이터로 인해 우리가 어떤 피해를 입을 수 있는지 살펴볼까요?

인터넷에 떠다니는 나의 개인정보

얼마 전 수연이네 집으로 이상한 전화가 걸려왔어요. 수연이는 평소처럼 학교에 가 있었고 집에 있던 엄마가 전화를 받았지요. 수연이 엄마가 전화를 받자 상대방은 수연이가 학교에서 다쳐서 병원에 갔다는 소식을 전했어요. 그러고는 당장 치료를 하지 않으면 위험한데 돈이 없어서 치료가 늦어지고 있다고 다급하게 말했어요. 상대방은 치료비를 빨리 송금해 달라고 했어요.

수연이 엄마는 크게 당황해서 상대방이 불러주는 계좌번호를 받아 적었어요. 그런데 계좌번호를 적으면서 뭔가 이상하다는 생각이 들었죠. 수연이 엄마는 돈을 보내기 전에 학교에 전화를 걸어 사실을 확인했어요. 그런데 수연이는 멀쩡히 학교에서 수업을 듣고 있는 게 아니겠어요? 놀란 가슴을 진정시키고 생각해보니 정말 이상했어요. 전화를 건 상대방은 수연이의 학교 이름과 수연이 엄마의 이름까지 정확히 알고 있었어요. 정말 깜빡하면 속을 뻔 했지 뭐예요. 수연이네 집으로 전화를 했던 사기꾼은 어떻게 이런 정보를 알아낸 걸까요?

이런 일이 생기는 까닭은 인터넷으로 각종 기기가 연결되어 있기 때문이에요. 예전에는 은행에 보관된 고객 정보를 알아내려면 금고를 몰래 열고 자료를 훔쳐가는 방법밖에는 없었어요. 하지만 지금은 고객 정보가 저장된 금융기관의 컴퓨터에 몰래 접속하면 정보를 빼내갈 수 있어요. 게다가 블로그나 개인 홈페이지에 자발적으로 올리는 정보를 모으면 가족의 이름과 연락처도 쉽게 알 수 있어요.

이런 환경이다 보니 인터넷에 내 개인정보가 둥둥 떠다닌다고 해도 지나친 표현은 아니에요. 앞서 수연이의 하루만 해도 얼마나 많은 개인정보가 인터넷에 저장되는지 알 수 있었잖아요. 우리가 하는 행동의 많은 부분이 바로바로 인터넷에 저장되고 있으니까요.

우리가 무심코 인터넷에 올리는 정보가 때로는 자신에게 피해로 돌아오는 일도 있어요. 실제로 일어났던 사건을 하나 소개할게요.

고등학교 3학년인 A는 SNS에서 B라는 친구를 만났다. 둘은 서로 메시지를 주고받으며 대화를 하다가 마음이 맞아 SNS 친구가 되었다.

대학 합격 발표가 나는 날, A는 원하던 대학에 합격했다는 소식을 들었다. A는 학교에서 발급해준 합격증 사진과 함께 이 소식을 바로 SNS에 올렸다. SNS에서 이 소식을 듣게 된 B는 자신이 가고 싶었던 대학에 합격한 A에게 질투를 느꼈다. 결국 B는 A의 개인정보를 SNS에서 수집한 뒤 자신이 A인 척 하며 인터넷으로 대학등록예치금 환불 신청을 했다. 대학등록예치금이 환불되면 입학은 자동으로 취소되기 때문이다. 정작 당사자인 A는 이 사실을 까맣게 모르고 있다가 나중에서야 알게 되어 경찰에 신고했다.

– 출처 : 연합뉴스, 2015년 2월 2일 기사
〈명의도용해 수시합격 취소…합격 시샘 SNS친구 소행〉

B는 어떻게 A의 정보를 알아냈을까요? 나중에 알아보니, B가 A의 생년월일과 은행계좌, 수험번호와 같이 온라인에 올린 개인정보를 모으는 데 걸린 시간은 단 이틀에 불과했다고 해요.

SNS는 인맥관리와 정보공유가 기본적인 역할이기 때문

에 자신의 개인정보가 무방비 상태로 드러나 있는 경우가 많아요. 실제로 SNS 친구의 페이지를 방문해 보면 생일과 학교, 가족사진 등을 힘들이지 않고 쉽게 확인할 수 있어요. 공개된 정보가 많으면 많을수록 범죄의 표적이 될 가능성도 높아지겠지요?

SNS 계정만이 아니예요. 자신도 잘 알지 못한 채 여기저기에 흩어져 있는 개인정보는 구글 검색을 통해서도 모을 수 있어요. 대기업의 개인정보 유출사고도 종종 일어나는 일이지요. 그뿐만이 아니에요. 기업의 내부 직원이 고객 데이터를 빼돌려 불법으로 판매하는 사례도 있어요.

사실 기업은 자신들이 가지고 있는 고객의 개인정보를 수집하는 목적 이외에는 활용할 수 없어요. 수집할 때와 다른 목적으로 이용하려면 고객 한 사람 한 사람에게 일일이 다시 동의를 받아야 해요. 그런데 이런 일은 매우 번거롭겠죠? 그래서 이러한 정보를 필요로 하는 사람들에게 고객 몰래 개인정보를 불법으로 사고 파는 일도 생겨나게 되었어요.

이런 정보를 이용하면 기업들은 자신들이 만드는 상품이나 서비스를 판매할만한 사람들에게 쉽게 전화나 이메일로 연락할 수 있기 때문이죠. 개인정보가 이러한 경제적인 가치를 가지고 있기 때문에 몰래 **빼돌려** 불법으로 거래하는 범죄도 생겨나는 것이지요.

이런 사건이 자꾸 일어나면서 자연스럽게 개인정보 보호를 위한 법이 강화되어야 한다는 목소리도 높아졌어요.

내 정보가 유출되어 피해를 입지 않으려면 평소에 자신의 정보를 잘 관리하는 습관이 필요해요. 인터넷에 글이나 사진을 올릴 때도 사전에 한 번쯤은 이런 정보를 올리는 것이 괜찮은지 생각해 보는 것도 좋겠지요. 그리고 자신이 사용하는 컴퓨터나 스마트폰은 백신프로그램으로 항상 점검하는 것이 필요해요. 이상한 피싱 사이트*에 접속된 것은 아닌지, 개인정보를 몰래 **빼가는** 프로그램이 설치된 것은 아닌지 항상 조심해야 하고요. 그리고 무료 경품행사라고 하면서 정보를 적어내도록 하는 사이트에 가입할 때에는 무조건 공짜라는 생각보다는 내 개인정보를 주고 경품을 받는다는 생각으로 내 정보의 가치를 한 번 더 생각해보는 습관이 중요하답니다. 스마트폰에 저장된 사진이나 동영상도 분실이나 해킹으로 유출될 가능성이 있기 때문에 민감한 개인정보는 저장하지 않는 습관도 필요하겠지요?

> **★ 피싱 사이트**
> 속임수나 거짓말로 다른 사람의 정보를 빼내고 재산을 빼앗기 위해 만들어진 사이트. 전화를 통해 사기를 치는 보이스 피싱, 메신저를 통해 사기를 치는 메신저 피싱 등이 있다.

국가는 개인정보를 어떻게 다루어야 할까요?

그런데 데이터로 개인의 일상을 세세하게 엿보는 일이 과연 가능할까요? 수연이의 하루를 온 종일 따라다니며 데이터를 수집하는 게 더 어려운 일일 것 같나요? 저런 데이터에는 쉽게 접근하기 어려울 것 같나요? 그런데 그런 일들이 실제로 일어나기도 해요.

여러분은 혹시 프리즘(PRISM) 사건에 대해 들어보신 적이 있나요? 미국국가정보국(CIA)과 미국국가안보국(NSA)에서 일하던 에드워드 스노든이라는 사람은 2016년 양심선언을 해요. 그는 "미국 정부가 주요 기업의 사용자 정보를 수집하고 있다"고 말해 큰 논란을 불러일으키죠. 그의 고백으로 세상에는 놀라운 비밀이 알려집니다. 그 비밀은 바로 미국 정부가 테러 등을 방지하기 위해 구글이나 유튜브, 애플 등 주요 기업의 서버 컴퓨터(Server Computer)*에 접속해서 사용자 정보를 수집하고 분석할 수 있는 비밀 시스템을 운영하고 있다는 사실이었어요. 놀라운 것은 미국 정부가 심지어 독일 총리의 스마트폰까지도 도청을 했다는 사실이었어요.

> ★ **서버 컴퓨터(Server Computer)**
> 다량의 정보를 저장하여 이와 연결된 컴퓨터(이를 클라이언트라고 표현함.)에게 네트워크를 통해 정보나 서비스를 제공하는 기능을 하는 컴퓨터.

스노든의 폭로로 미국 정부가 개발한 '프리즘'이라는 프로그램의 정체가 드러났어요. 이 프로그램은 일반 기업의 컴퓨터뿐 아니라 개인의 컴퓨터에 침입해서 저장되어 있는 정보를 확인하고, 개인 컴퓨터에 부착된 웹캠(소형 카메라)*과 스마트폰을 이용해서 전 세계에 있는 모든 사람을 언제라도 감시할 수 있는 프로그램이었던 것이에요.

> ★ 웹캠(소형 카메라)
> 개인 컴퓨터에 부착되어 인터넷 연결이 가능한 소형 카메라.

미국 정부는 이 시스템을 활용해 의심이 갈만한 사람들을 감시해서 테러사건을 방지할 수 있었다고 설명했어요. 하지만 많은 사람들이 이 사실을 용납하지 않았지요. 사람들은 테러를 막기 위해 모든 사람들의 사생활을 몰래 감시한다는 사실 자체가 인권 침해라고 주장했어요. 유명한 정치인의 사생활을 감시할 수 있다면 일반인에 관한 정보는 더 손쉽게 빼내 갈 수 있다고 생각했기 때문이에요.

이 사건으로 미국 정부는 스노든을 간첩 혐의로 체포하려고 했어요. 하지만 스노든은 다른 나라로 망명을 합니다. 이 일을 계기로 사람들은 개인정보보호와 인권침해에 대해 큰 관심을 갖게 되었어요. 왜냐하면 현재의 기술로도 마음만 먹으면 언제라도 사람들을 감시하는 것이 가능하다는 사실을 알게 되었기 때문이죠.

국가가 국민의 안전을 위해서 첨단 기술을 활용하는 것은 필요한 일이에요. 실제로 범죄와 테러를 막기 위해 각국 정부는 디지털 정보 데이터를 수집하고 분석하는 분야에 지속적으로 투자 규모를 늘리고 있어요.

미국 경찰과 법원도 데이터 수집과 분석 기술에 점점 더 의존하고 있다고 해요. 뉴욕경찰국이 운영하는 실시간 범죄정보센터에서는 범죄와 관련된 정보가 저장된 데이터베이스를 경찰관이 실시간으로 검색할 수 있도록 제공하는데, 치안을 위해서라면 개인정보에 접근하는 것도 허용한다고 해요. 예를 들어 어떤 사람이 의심스러운 행동을 계속하게 되면 그 사람이 과거에 범죄를 저질렀는지에 관한 개인정보도 조회해 보겠지요.

미국의 전자 커뮤니케이션 프라이버시 법에는 메일 서비스 중 지메일(Gmail)과 핫메일(Hotmail)에 저장된 지 6개월이 지난 개인의 이메일은 영장 없이 조회가 가능하다고 해요. 특히 9·11 테러 이후 제정해서 2015년 6월 폐지된 미국의 테러대책법*은 미연방수사국(FBI)이 쉽게 개인정보에 접근할 수 있도록 허용해서 인권을 침해하는 것이 아닌

> **★ 테러대책법**
> 2001년 9·11테러사건 직후 테러 및 범죄수사에 관한 수사의 편의를 위하여 시민의 자유권을 제약할 수 있도록 한 미국 법률. 2001년 10월 제정되어 2015년 6월 폐지되었다.

가 하는 논란이 일기도 했어요.

영국 작가 조지 오웰(George Orwell)
은 『1984』라는 소설에서 사람들의 행
동을 감시하는 절대권력자를 '빅브라더
(Big Brother)'*라고 불렀어요. 소설 속에
등장하는 '빅브라더'는 거리는 물론 집
안에까지 설치된 '텔레스크린'을 통해 사람들의 행동을 감
시해요. 텔레스크린은 녹음과 녹화가 되는 카메라와 영상
과 소식을 전달하는 텔레비전이 합쳐진 것 같은 기계에요.
정부는 텔레스크린으로 사람들의 행동과 말을 감시하고,
정부가 하고 있는 일을 선전하는 영상과 소식을 끊임없이
전달하지요. 정부가 발표하는 통계와 뉴스는 필요에 따라
고쳐지기가 일쑤예요. 또 이런 감시를 통해서 정부가 하는
일에 불만을 갖거나 반대하는 사람들을 찾아내요. 그야말
로 개인의 자유가 조금도 허용되지 않는 철저하게 통제된
사회인 것이지요. 이런 사회에서 사람들은 맹목적으로 정
부가 시키는 대로 따르게 돼요. 왜냐하면 정부에 반대하기
위해 몰래 일을 꾸미던 사람들은 모두 잡혀서 고문을 받고
감옥에 보내지기 때문이죠.

만약 실제로 정부가 자신의 정권을 유지하기 위한 목적으로 사람들을 통제하고 감시하기 위해서 정보를 수집하거나 독점하면 어떻게 될까요? 사람들은 정확한 정보는 알지 못한 채 정부가 들려주는 이야기만을 사실로 믿게 될 거예요. 정부가 하는 일은 다 옳다고 생각하거나, 찬성하지 않더라도 반대 의견을 내놓을 수 없겠죠. 또 그 과정에서 사람들은 언제나 감시당하고 있다는 불안감에 떨어야 할 거예요.

저장된 개인정보를 경찰청과 같은 국가 기관이 수집해서 분석하면 범죄를 예방하거나 범인을 빨리 잡는 등 좋은 점이 많아요. 그 덕분에 시민들은 안전하게 생활할 수 있으니까요. 하지만 그 과정에서 많은 사람들이 부당하게 감시를 당하는 일도 생기고 또 이로 인해 인권을 침해받는 일도 생길 수 있게 된 것이지요.

우리에게도 잊힐 권리가 필요해!

보통 개인정보 유출로 인한 인터넷 피해라고 하면 유명 연예인이나 정치인을 떠올리겠지만 이런 일은 누구나 겪을 수 있어요. 청소년의 경우에는 사이버 괴롭힘과 같은 왕따 폭력도 겪을 수 있어요. 자신도 모르는 사이에 SNS를 통해서 괴롭힘을 당하는 일이 생기기도 해요. 자신이 올린 인터넷 글에 악성 댓글이 달려 고통을 받거나 여러 사람에게 비난을 받는 등의 일이 생길 수 있는 것이죠.

어떤 기업은 신입사원을 채용할 때 지원자의 SNS와 같은 인터넷 행적을 조회한다고 해요. SNS에 올라온 개인의 솔직한 모습과 품성 등을 평가하기 위해서지요. 내가 과거에 남겼지만 이제는 지우고 싶은 기록이 계속해서 인터넷에서 검색되고, 보여주고 싶지 않은 모습까지 다른 사람들이 볼 수 있다면 정말 싫겠지요? 인터넷에 올린 개인정보 때문에 자신이 범죄의 대상이 될 수 있다는 사실은 잘 알았죠? 그런데 이런 개인정보가 취업에도 영향을 미칠 수 있다니, 이런 것을 생각하면 자신의 기록을 남기는 것 못지않게 불필요한 정보는 지우면서 자신의 이미지를 관리하는 것도 필요해 보여요.

알 권리(right to know)라는 말을 혹시 들어보았나요? 사람들이 정치나 사회 등 현실에 관한 정보를 자유롭게 알 수 있는 권리를 말해요. 현대 사회는 민주적이면서 동시에 정보화 사회이기 때문에 개개인은 정부나 대기업을 상대로 정보를 요구할 수 있는 권리가 있어요. 중요한 정보는 누구나 잘 알 수 있도록 해야 한다는 거예요. 예를 들어 약병이나 상품 포장지에 소비자가 반드시 알아야 할 성분 내용이나 부작용 같은 정보를 깨알 같은 글씨가 아니라 잘 알아볼 수 있도록 큰 글씨로 적게 하는 것도 여기에 해당하지요. 또 과거에는 공개하지 않았던 정부의 회의록을 공개하도록 하는 조치도 모두 알 권리를 강화하기 위한 노력이에요. 선거에 후보로 나온 정치인들의 과거를 조사해서 사람들에게 알린다거나, 불법을 저지른 기업의 명단을 공개하는 일 등도 모두 국민들의 알 권리를 위해서 하는 일이에요. 사람들이 선거에서 올바른 선택을 하고, 기업이나 다른 사람들로부터 부당한 피해를 받지 않도록 하기 위해서지요.

그런데 최근에는 잊힐 권리(right to be forgotten)라는 말이 새롭게 등장하고 있어요. 개인이 온라인 사이트에 있는 자신과 관련된 정보의 삭제를 요구할 수 있는 권리를 말해요. 온라인에 흩어진 개인정보로 인한 피해를 줄이자는 의도에서 나온 말이지요. 공공장소에서 몰래 찍힌 자신의 사진이나 자신이 예전에 인터넷에 올린 글 등을 지워달라고 하는 요구 등이 여기에 해당해요. 의도치 않게 공개된 연락처 등이 인터넷으로 퍼져나가면 개인은 인터넷에서 쉽게 이를 지울 수 없어요. 인터넷 공간은 무척 빠르게 정보가 퍼지기 때문이죠. 자신의 정보가 공개되어 고통을 받는 일들도 점점 많아지고 있어요. 개인 신상을 알아내 언어폭력을 가하거나, 실제로 사는 곳까지 찾아와 해코지를 하는 일들도 있었어요. 그러다보니 인터넷에 떠다니는 자신의 정보를 스스로 삭제할 수 있어야 한다고 생각하게 된 것이지요.

하지만 인터넷의 모든 정보를 잊힐 권리의 대상으로 삼아야 하는지는 생각해 보아야 할 문제예요. 범죄 피해자가 범죄자를 고발하는 글에 대해 범죄자가 잊힐 권리를 주장할 수 있을까요? 범죄자, 정치인이나 기업가가 자신이 인터넷에 올려 논란이 된 글을 삭제해 달라고 한다면 여러분은 수긍하겠어요? 알 권리와 잊힐 권리는 둘 다 모두 중요해요. 그러니 공공의 이익과 개인의 인권을 잘 따져서 올바른 판단을 내려야 하는 것이죠.

잊힐 권리가 사람들의 관심을 끌게 되면서 새로운 서비스도 등장했어요. '스냅챗'이라는 모바일 메신저는 새로운 기능을 선보였어요. 이 기능은 상대방이 확인 후 10초 내에 메시지가 삭제되고 사진과 동영상은 4시간 안에 삭제되도록 해 청소년들에게 커다란 인기를 얻고 있어요. 인스타

그램도 24시간 동안만 사진과 동영상을 공유할 수 있는 '인스타그램 스토리'와 상대방이 메시지를 읽으면 기록이 바로 사라지는 '인스타그램 다이렉트'라는 서비스를 제공하고 있어요.

반면 최근에 등장한 '개인정보 통합관리' 시스템은 검색과 이메일, 지도 등 다양한 서비스 이용자의 개인정보를 모두 통합해서 관리하는 서비스예요. 사용자의 검색 기록과 위치정보까지도 통합해서 분석하지요. 이렇게 개인의 정보를 통합해서 관리하면 그 사람의 행동은 물론 생각까지도 예측할 수 있게 되어 각 분야에서는 개인맞춤형 서비스를 제공할 수 있어요. 하지만 그만큼 위험부담도 커요. 이렇게 개인정보를 모두 통합해서 관리하게 되면 개인정보의 보안 관리가 더욱 중요해져요. 만약 개인정보가 유출된 경우에는 더욱 큰 피해가 생겨날 수도 있거든요. 게다가 더욱 쉽게 감시와 통제도 가능해져요. 개인정보를 분석하면 한 개인의 생각을 읽어낼 수 있고, 이것은 곧 행동을 규제하고 자유를 억압할 수도 있다는 의미이기 때문이에요.

그러니 우리가 길을 걷거나 횡단보도를 건널 때 자동차에 부딪히지 않도록 조심하는 것처럼 인터넷에서 활동을 할 때에도 항상 개인정보 노출이나 사생활 노출 등에 대해서 주의를 기울여야 한다는 건 이제 알겠죠?

내가 자발적으로 공개한 빅데이터 때문에 피해를 입을지도 모른다고 생각하면 인터넷에서의 내 행동도 달라질 거예요. 그런데 만약 실제의 내 모습과 인터넷에서의 내 모습이 아주 많이 달라지게 되면 어떨까요? 만약 남에게 보이고 싶은 것만 보여주고, 보여주고 싶지 않은 진짜 내 모습은 감춘다면 과연 이렇게 쌓인 데이터를 활용해서 제대로 된 판단을 내릴 수 있을까요? 또 나에 대한 잘못된 정보 때문에 내가 차별 받게 되는 일은 생기지 않을까요?

  영국의 작가 조지 오웰(George Orwell)은 소설 『1984』에서 절대적인 권력을 갖고 있는 정부가 사람들을 끊임없이 감시하고 통제하는 통제 사회를 묘사하고 있어요. 소설 속에서 '빅브라더(Big Brother)'라고 불리는 권력자는 사람들의 집안과 거리에 설치된 '텔레스크린'을 통해 사람들의 행동을 감시해요. 정부에 비판적인 사람들을 용납하지 않지요. 텔레스크린은 한시도 쉬지 않고 사람들을 감시할 뿐 아니라 동시에 끊임없이 정부가 선전하고 싶은 것을 영상으로 내보내고 조작된 통계를 내보내는 역할도 해요.

  이 소설의 주인공 윈스턴은 '진리부'에 근무하는 하급 관리에요. 진리부에서 그는 과거의 기록을 없애고 고쳐 다시 만드는 일을 해요. 여기에서 진리는 과거 사실의 조작을 뜻해요. 정부가 말한 것은 결코 틀리면 안 된다고 생각하기 때문이죠. 과거에 말한 것이 모두 진실이 되기 위해서 과거 기록을 고쳐 쓰는 어처구니없는 일을 하는 것이죠. 미래를 예측하는 것은 틀릴수도 있는데, 정부는 그런 것을 용납하지 않아요. 정부는 항상 옳은 존재로 있어야 하기 때문에, 과거에 발표한 내용에 틀린 부분이 생기면 과거 기록을 조작하는 것이죠. 또 이 소설에서 정부는 권력을 유지하기 위해 과거를 조작할 뿐 아니라 사람들을 감시하고 폭력을 행사해요.

소설에 등장하는 텔레스크린은 밤낮을 가리지 않고 "50년 전 사람들보다 오늘날의 사람들이 더 많은 먹을 것과 더 많은 입을 것을 가지고 더 좋은집, 더 좋은 오락시설을 이용하고 있다."고 선전해요. 수명은 연장되고, 노동시간은 단축되고, 더 건강해지고, 더욱 행복해지고, 더 많이 알게 되고, 더좋은 교육을 받게 되었다는 증거를 대느라 귀가 따갑도록 통계 숫자를 늘어놓아요. 하지만 실제로 그랬는지 어땠는지는 확인할 수 없어요. 기록은 필요할 때마다 모두 고쳐지기 때문이에요. 또 정부를 의심하고 반항하는 사람은 모두 체포되어 고문을 받게 되기 때문에 사람들은 정부의 말을 의심하거나 잘못을 비판하지 않고 정부가 하는 말을 그대로 받아들이게 되죠. 텔레스크린뿐 아니라 모습을 드러내지 않고 사람들 틈에 숨어있는 사상경찰은사람들의 생각까지도 감시하고 통제하려고 해요. 서로간의 감시가 일상이되었기 때문에 심지어는 집안에서도 식구들끼리 감시를 해서 아이가 부모를 신고하는 일도 일어나요.

　이 소설을 읽다 보면 지금의 현실과 자꾸 비교하게 돼요. 나쁜 마음만 먹으면 도로는 물론 건물 안에까지 설치된 CCTV나 사람들이 가지고 있는 스마트폰을 해킹해서 집안까지도 몰래 엿볼 수 있어요. 실제로 중국 해커들이 우리나라 스포츠센터나 영유아 놀이방에 설치된 CCTV를 해킹해서 동영상을 실시간으로 볼 수 있는 불법 사이트를 만들었다는 보도도 있었어요. 게다가 최근에는 가짜 뉴스까지 등장했지요. 이 소설이 단지 가상의 이야기로만 들리지 않는 이유예요.

이런 소설 속의 통제 사회를 이백 년 전에 묘사한 철학자가 있어요. 제러미 벤담✱은 '다 볼 수 있다'는 뜻의 판옵티콘(Panopticon)✱이라는 원형감옥을 고안했어요. 중앙에는 죄수를 감시하기 위한 원형 공간이 있고 그 바깥에는 원형으로 둘러싼 죄수를 가두는 공간이 있어요. 중앙의 원형감시탑은 어둡게 만들고 죄수의 방은 환하게 불을 밝혀서 감시탑에 있는 간수는 죄수의 모습 하나하나를 모두 감시할 수 있는 구조예요. 물론 죄수는 간수가 자신을 감시하고 있는지도 몰라요.

푸코✱라는 철학자는 『감시와 처벌』이라는 자신의 책에서 벤담이 설계한 원형감옥이 현대 디지털 사회에서 데이터가 개인을 감시하는 것과 유사한

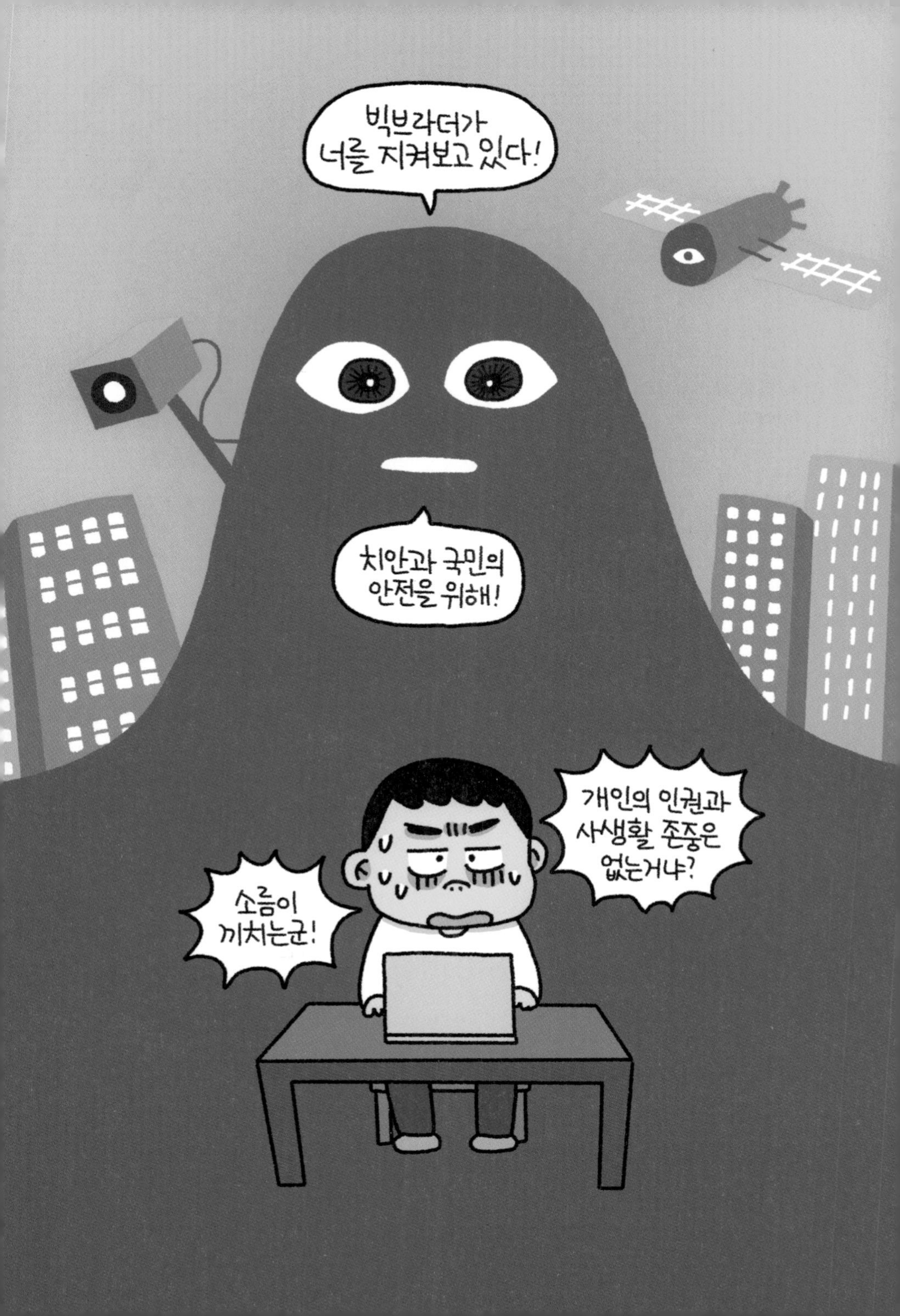
빅브라더가 너를 지켜보고 있다!
치안과 국민의 안전을 위해!
개인의 인권과 사생활 존중은 없는거냐?
소름이 끼치는군!

형태라고 설명했어요. 푸코는 이러한 감시체

제가 왜 위험하고 비인간적인지 설명해요. 보

이지 않는 곳에서 자신을 감시하고 있을 간

수를 의식하게 되면서 점차 우리 스스로가

자신을 감시하게 만들기 때문이라고요. 감시

라는 것이 얼마나 폭력적인지, 정부나 권력이

개인을 억압하고 통제하는 것이 얼마나 위험

한지 충분히 이해가 가죠?

★ 미쉘 푸코(Michel
Foucault)
프랑스 철학자로 『정신병과
인격체』, 『광기와 문화』, 『성
의 역사』, 『정신병과 심리학』
등의 저서를 통해 전통적인
철학의 경계를 넘어 폭넓은
관점에서 존재의 본질을 탐
색하는 연구를 진행했다.

하지만 독재자에 맞서서 위험을 무릅쓰고 진실을 기록하고자 했던
주인공처럼 거짓과 조작으로 피해를 입는 사람이 없도록 우리 모두가
함께 노력한다면 안전하고 편리한 사회를 만들어 나갈 수 있지 않을
까요?

4장

거짓말, 새빨간 거짓말, 빅데이터

믿을 수 없는 데이터가 있다고?

이 세상에는 세 종류의 거짓말이 있다고 해요. 첫 번째는 단순한 거짓말이고, 두 번째는 정도가 심한 거짓말로 이를 새빨간 거짓말이라고 표현해요. 그러면 남은 하나는 무언지 아세요? 바로 통계라고 해요. 통계가 왜 거짓말과 같은 유형으로 분류 되었을까요?

통계란 어떤 현상에 대한 자료를 알기 쉽게 숫자로 나타낸 것이에요. 숫자 대신 그래프나 그림으로 표현할 수도 있어요. 쉬운 예를 하나 들어볼까요? 수연이와 같은 반 학생 20명의 키를 쟀다면 이를 평균이라는 한 숫자로 표현할 수 있어요. 평균은 그 학급의 키를 대략적으로 가늠해 볼 수 있는 점에서 좋은 정보지요. 하지만 학급의 구성원인 각 학생들의 특징은 나타낼 수 없다는 단점이 있어요. 예를 들어 모든 학생의 키가 150센티미터인 학급의 평균 키도 150센티미터이지만, 120센티미터인 학생부터 180센티미터인 학생까지 골고루 있는 학급의 평균도 150센티미터일 수 있어요. 평균은 같아도 실제 학생들의 구성은 아주 다른 상황이 생겨나죠. 따라서 평균과 같은 통계 수치를 이용할 때는 이러한 장단점을 잘 따져야 하겠죠?

그런데 만약 어떤 사람이 일부러 의도를 가지고 평균만을 보여주게 되면 어떻게 될까요? 현실을 잘못 해석하게 될 가능성이 커요. 극단적인 예를 하나 들어볼까요? 직원들이 받는 월급의 평균이 천만 원인 회사가 있다고 가정해 보세요. 이 이야기를 들으면 '직원 월급이 이렇게 많다니, 와! 좋은 직장이네. 나도 다니고 싶다.'는 생각이 들겠지요? 하지만 직원 월급을 일일이 확인해 보니 사장님 월급이 9천 백만 원이고 직원 아홉 명의 월급이 똑같이 백만 원이라면 어떻겠어요? 사장님을 포함한 전체 직원 10명의 월급을 다 더하면 1억이고 이를 전체 직원 수인 10명으로 나누면 평균 월급이 천만 원이 되죠. 이렇듯 평균만으로는 현상을 잘 나타내지 못하는 경우가 많아요. 특히 데이터를 분석해서 나온 결과라고 하면 사람들은 쉽게 믿는 경향이 있기 때문에 더 주의를 해야 하죠. 이렇게 통계를 자신의 주장을 뒷받침하는 근거로 의도적으로 악용하는 상황이 많아지자 사람들은 통계

가 거짓말보다 더 나쁘다고 말하게 되었어요. 데이터에 오류가 없더라도, 만약 통계를 잘못된 방향으로 이끌어가거나 자신이 원하는 결과를 위해 많은 데이터들 중 자신에게 유리한 데이터만 활용해 통계를 낸다면 그 결과는 믿을 수 없게 되기 때문이에요.

만약 뉴스가 가짜라면?

그런데 데이터 자체가 잘못되어 있다면 어떤 일이 생겨날까요? 잘못된 데이터로 통계를 만들면 실제와는 다른 잘못된 결과가 나오겠지요? 혹시 가짜 뉴스라는 말을 들어 보았나요? 의도적으로 조작된 뉴스는 예전부터 있었어요. 예를 들어 미국 뉴욕에서 발행된 신문인 《더 선(The Sun)》은 '달세계에 생물이 있다'는 이야기를 조작해서 연재를 했어요. 이 놀라운 이야기에 사람들은 너도나도 이 신문을 사 읽기 시작했어요. 신문 발행 부수는 무려 3만 부로 엄청나게 증가했지요. 1835년에 일어난 일이에요. 창간된 지 얼마 안 되는 신문이 사람들의 흥미를 끌기 위해 벌인 일이었지요.

우리나라에서도 뉴스를 조작했던 일이 있어요. 1980년에 일어난 광주민주화운동에 대해 당시 신문들은 간첩에 의해서 폭동이 일어난 것이라고 거짓 뉴스를 만들어 퍼트렸죠. 군사독재정권이 자신들의 정권을 유지하기 위해 거짓말을 만들어서 신문사와 방송사에게 보도하라고 강요했기 때문에 생긴 일이었어요.

지난 미국 대통령 선거에서는 가짜 뉴스가 유난히 부각되었어요. 미국 대통령 선거에서 힐러리 클린턴 후보가 당선될 거라는 많은 사람들의 예상을 뒤집고 도널드 트럼프 후보가 당선된 것은 앞에서 이야기했죠? 그런데 그런 결과가 나온 이유를 가짜 뉴스 때문이라고 생각하는 사람도 있어요. '프란치스코 교황이 도널드 트럼프 후보 지지를 선언했다.'는 가짜 뉴스가 지난 미국 대선 기간 동안 페이스북에서 가장 많이 공유된 소식이라고 하니 이런 소문이 수긍이 가죠? 그런데 이런 가짜 뉴스를 누가 만들었을까요? 인터넷을 추적해 보니 놀랍게도 범인 대부분은 도널드 트럼프 후보와 전혀 상관없는 마케도니아 소도시의 10대 후반 청소년들이었다고 해요.

왜 트럼프 후보와 아무 관계도 없는 먼 나라의 청소년들이 가짜 뉴스를 만들었을까요? 그 이유는 바로 '돈' 때문이에요. 인터넷의 뉴스 기사는 사람들이 많이 클릭할수록 돈을

벌게 되어 있어요. 그래서 사람들의 눈길을 끌 만한 자극적인 제목과 내용으로 뉴스를 만들면 사람들이 많이 클릭하게 되고 조회 수가 높으면 돈을 많이 벌게 되죠.

인터넷에 있는 뉴스와 동영상에는 광고가 붙어요. 당연히 콘텐츠를 제작한 사람은 광고비를 받아요. 광고가 붙어 있는 콘텐츠의 조회 수가 높으면 그 콘텐츠를 제작한 사람은 광고비로 돈을 많이 벌 수 있어요. 여러분도 눈길을 끄는 자극적인 제목 때문에 기사를 클릭해서 읽어보니 특별한 내용이 없었던 경험이 있을 거예요. 이렇게 기사와 돈이 연결되어 있는 환경에서 돈을 벌고 싶었던 청소년들이 가짜 뉴스를 만들어 퍼트렸던 것이죠.

돈 때문이 아니라 정치적인 목적 때문에 가짜 글을 만든 사례도 있어요. 우리나라에서는 국가정보원이 지난 2009년부터 2012년 사이에 인터넷 댓글을 조직적으로 작성했다는 의혹을 받고 있어요. 국가정보원에서는 사람들을 고용해서 3,500여 개의 아이디를 만들고, 인터넷의 댓글을 조직적으로 작성하게 했다고 해요. 당시 대통령 선거를 앞두고 특정 후보를 지지하는 글을 인터넷에 게시했다는 의혹도 있어서 지금 검찰에서 조사를 하고 있어요. 만약 이러한 일이 모두 사실로 밝혀진다면 충격이 클 거예요.

이렇게 돈이나 정치적인 목적 때문에 쏟아지는 가짜 뉴스는 빅데이터에도 큰 영향을 미쳐요. 예를 들어 미국 대통령 선거 기간 동안의 후보자를 중심으로 한 신문 기사 내용을 분석한다고 생각해 봐요. 만약 가짜 뉴스가 하나도 포함되어 있지 않다면 후보 간의 지지도나 청렴성 등을 정확하게 분석할 수 있을 거예요. 하지만 가짜 뉴스가 많이 있다면 트럼프 후보는 교황과 관계있다는 식의 사실과 다른 잘못된 결과가 나오겠지요.

가짜를 찾아라!

인터넷에 올라온 수많은 뉴스나 댓글, 게시글 가운데 어떤 것이 진짜이고 가짜인지를 일일이 파악해서 걸러내지 않으면 이러한 내용을 기초로 분석한 결과를 믿을 수가 없게 돼요. 빅데이터는 21세기의 석유로 불릴 만큼 중요한 자원이라고 말했죠? 그런데 만약 빅데이터 안에 잘못되거나 조작된 데이터가 많이 들어 있다면 빅데이터로부터 정확한 결과를 만들어 내는 것이 원천적으로 불가능하게 돼요. 데이터가 석유와 같은 중요한 자원이 아니라 활용할 수 없는 쓰레기가 되는 셈이죠.

　이런 위험 때문에 구글이나 페이스북과 같은 기업들은 언론사와 협력해서 가짜 뉴스를 판단하고 삭제하는 기술을 개발하고 있어요. 우리나라에서는 가짜 뉴스를 찾는 '인공지능 연구개발 챌린지 대회'가 열렸어요. 이 대회에는 많은 팀이 참가해서 각자가 개발한 프로그램으로 가짜 뉴스를 판단하는 기술을 겨뤘어요. 마치 거리에 버려진 쓰레기를 청소해서 깨끗하게 만드는 것과 비슷하죠?

　그런데 얼마 전에는 우리나라 인터넷 대형 포털사이트가 사이트 메인 화면에 실리는 기사를 의도적으로 재배치했다는 뉴스가 발표되었어요. 비판 기사가 뜬 단체에서 자신들을 비판하는 기사를 사이트 이용자들의 눈에 띄지 않는 곳으로 옮겨달라고 부탁을 한 거죠. 담당자는 이 청탁을 받아들였고, 사이트 메인 화면의 기사 위치가 달라졌어요. 이런 식으로 사람들이 마땅히 알아야 할 기사나 정보가 사이트 운영회사 마음대로 숨겨지거나 삭제될 수 있는 것이죠. 이렇게 되면 사람들은 정확한 정보를 얻지 못해요.

　검색어 광고에 대해서도 비판하는 사람들이 있어요. 검색어 광고란 이용자가 특정 단어를 인터넷 검색창에 입력했을 때 광고비를 낸 업체의 홈페이지 주소를 맨 위에 보여주는

것을 말해요. 검색어와 가장 관련성이 높은 홈페이지를 기대하고 있는 이용자의 생각과는 다른 결과가 나오는 것이죠. 그 때문에 검색 사이트는 광고판에 불과하다고 비판하는 사람들도 있어요.

그런가 하면 검색 순위를 조작하는 프로그램을 만들어 몰래 팔다가 경찰에 잡힌 사건도 있었어요. 자동으로 대규모의 게시글과 댓글을 만드는 프로그램을 이용해 특정한 정보의 검색 순위가 높아지도록 조작한 거예요. 또 자동 프로그램으로 특정 업체의 이름과 관련 검색어를 반복해서 검색하는 방식으로 검색어 순위를 조작한 사람들이 경찰에 잡히기도 했어요.

이렇게 가짜로 글을 올리는 것 말고도 이용자의 정확한 판단을 방해하는 일들이 많이 일어나다 보니 대형 인터넷 검색 사이트에서 제공하는 결과를 곧이곧대로 믿을 수만은 없는 상황이 되었어요. 결국 우리 스스로가 검색 업체는 어떤 방식으로 정보를 제공하는지, 이러한 방식을 그대로 믿을 때 어떤 위험성은 없는지를 항상 생각하며 주의를 기울이는 수밖에 없어요.

물론 개인이 주체적인 판단을 내린다는 것은 무척 어려운 일이에요. 이해력과 상황을 잘 판단할 수 있는 능력을 키워

나가야 하기 때문이죠. 하지만 어렵고 힘들더라도 노력해야 해요. 누군가의 판단을 그대로 믿고 맡기기에는 위험한 상황이 되었기 때문이죠.

어느 날, 모든 인터넷이 멈춘다면 어떻게 될까요?

어느 날 갑자기 모든 전기가 끊긴다면 세상은 어떻게 될까요? 공급되는 전기보다 사용되는 전기의 양이 많을 경우 일시적으로 전기가 중단되는 정전사태를 우리는 블랙아웃이라고 불러요. 무더위가 기승을 부리는 한여름 오후 시간에는 에어컨 사용량이 크게 증가하지요. 이 때문에 종종 전기가 중단되는 경우가 생겨요. 또 지진이나 태풍, 폭설로 정전이 일어나기도 해요. 얼마 전 미국 뉴욕에서는 눈폭풍 때문에 정전이 발생해서 시민들이 큰 불편을 겪었어요. 전기가 중단되면 어떻게 될까요? TV를 못 보게 되고 냉장고가 멈추거나 밤에는 불이 들어오지 않아 불편할 거라고 생각하나요? 그런데 사실은 도시 기능 자체가 마비될 수 있는 심각한 상황이 올 수 있어요. 미국 국립지리학회가 운영하는 내셔널 지오그래픽은 블랙아웃이 발생하면 어떤 일이 일어나는지 가상 시나리오 영상을 만들었어요.

첫째 날, 전기가 나가버려 인터넷도 안 되고 컴퓨터도 작동하지 않아요. 수천 만 명이 지하철과 엘리베이터 안에 갇히고 신호등도 꺼져 도로도 마비되고 말아요. 집에 연락하고 싶어도 스마트폰이 작동하지 않아 가족들과 연락할 길이 없어요. 도시가 멈춰버렸어요. 둘째 날, 식량과 물 공급에 대한 두려움으로 사람들이 마트에 생수와 통조림, 건전지를 사러 나와요. 하지만 카드 결제도 할 수 없고 현금지급기도 멈춰버려 지갑 속의 얼마 안 되는 돈을 모두 털어야만 해요. 정유 공장이 멈춰서고 유조차 역시 발이 묶여 기름 부족도 심각해져요. 셋째 날, 물 공급이 중단되어 먹을 물도 부족하고 변기의 물을 내릴 수도 없게 돼요. 정부는 물과 식량을 임시로 배급한다는 대책을 발표하지만 창고에 있는 물품을 실어 나를 트럭도 연료 부족이라 원활한 배급이 어려워요. 그러자 불만에 가득 찬 사람들이 폭동과 약탈에 가담하게 되지요. 결국 야간 통행금지 조치가 내려져요. 넷째 날, 밤새 일어난 폭동과 폭력 사건으로 불안한 시민들을 안심시키기 위해 정부는 식량과 물 공급을 다시 약속하지만 역부족이에요. 촛불과 가스난로 사용으로 전국에 걸쳐 크고 작은 화재가 일어나지만 물이 부족해서 불길은 잡히지 않아요. 어때요? 전력이 중단되면 일어나는 일들이 여러분이 상상하는 것 이상으로 심각하다는 걸 충분히 느꼈죠?

갑자기 왜 전기 이야기를 하느냐고요? 인터넷도 전기처럼 갑자기 끊길 수 있기 때문이에요. 빅데이터 시대에는 대규모 데이터가 인터넷 네트워크를 통해 이동하기 때문에 네트워크의 용량과 안정성이 매우 중요해요. 그런데 네트워크 블랙아웃이 일어나면 어떻게 될까요? 네트워크 블랙아웃이란 네트워크에 접속하는 사람이 많아지고 네트워크를 이동하는 데이터량이 많아져서 마치 전기가 나가는 것처럼 네트워크 기능이 마비되는 것을 말해요. 이미 수많은 일들이 네트워크를 통해 이루어지고 있기 때문에 단순히 인터넷을 이용할 수 없는 정도의 피해가 아니게 돼요. 은행은 고객의 계좌 정보에 접속할 수 없고, 병원에서는 환자의 치료과정이나 지난 기록을 살펴볼 수 없게 되죠. 또 네트워크로 연결되어 있는 공장은 가동을 멈춰야만 하고 이로 인해 경제도 마비되는 등 심각한 혼란이 올 수 있어요. 게다가 네트워크 블랙아웃이 일어나는 동안 우리의 정보는 제대로 보호받을 수 없게 되지요.

네트워크 블랙아웃은 단순히 이용량이 많아져서 기능에 문제가 생기는 경우도 있지만 악의적인 공격 때문에 네트워크 성능이 저하되는 경우도 있어요. 혹시 디도스(DDoS, Distributed Denial of Service) 공격이라는 말을 들어 보았나요? 특정 인터넷 사이트가 소화할 수 없을 정도의 접속 통신량 (트래픽)을 의도적으로 발생시켜서 인터넷 서비스를 마비시키는 것을 말해요. 어떻게 이런 일이 가능할까요? 나쁜 의도를 가진 사람이 아무 관계없는 여러 사람들의 컴퓨터에 몰래 악성 바이러스를 심어서 수많은 컴퓨터가 자동적으로 동시에 특정 사이트에 반복해서 접속하도록 만들기 때문이에요.

2003년 1월 25일에는 디도스 공격 때문에 전국의 네트워크가 마비되는 '1·25 인터넷 대란'이 일어났어요. 서울을 비롯한 전국의 인터넷 서비스가 완전히 마비돼 인터넷을 통한 전자상거래, 금융, 예약 서비스가 전면 중지되어 큰 혼란이 일어났지요. 다행이 이틀 뒤에 정상적으로 복구되었지만 사람들은 큰 불편을 겪었어요. 2009년 7월 7일에도 청와대를 비롯한 주요 국가기관과 은행의 인터넷 홈페이지가 디도스 공격을 받았어요.

디도스 공격은 인터넷 사이트가 정상적으로 작동하지 못하도록 만들어요. 하지만 컴퓨터 안에 담긴 자료를 몰래 빼내거나 삭제하지는 않아요. 반면 해킹(hacking)은 다른 사람의 컴퓨터 시스템에 몰래 침입해서 데이터나 프로그램을 없

애거나 망치지요. 분명히 저장해 두었던 문서 파일이 통째로 없어지거나 내용이 손상되었다면 해킹을 의심해봐야 해요.

2018년 1월에는 일본의 한 가상화폐거래소에서 580억엔(약 5,648억원) 규모의 해킹 사고가 발생했어요. 누군가가 시스템에 몰래 접속해서 고객 26만 명의 코인을 빼내 갔어요. 우리나라에서도 2017년 12월에 가상화폐 거래소 '유빗'이 해킹으로 170억여 원의 손실을 입고 결국 파산하고 말았어요.

가짜 뉴스나 가짜 데이터를 잘 구분해야 하는 건 물론이고, 해킹과 블랙아웃의 피해를 방지하기 위한 노력도 무척 중요해요. 빅데이터 시대에 해킹으로 정보가 조작되거나 유출된다든지 인터넷 사이트가 접속되지 않는 장애가 자주 일어난다면 사람들의 신뢰를 잃게 되고 결국은 빅데이터의 좋은 혜택을 누릴 수 없는 상황이 될지도 모르기 때문이에요.

DNA 정보를 조작한다면?
— 히가시노 게이고의 『플래티나 데이터』

일본의 유명한 작가인 히가시노 게이고의 추리소설 『플래티나 데이터』는 범죄 예방을 위해 사람들의 DNA 정보를 데이터베이스로 만들어 둔 미래의 모습을 그리고 있어요. 소설 속의 사회는 범죄를 저지른 사람을 절대 놓치지 않기 위해 만든 DNA 수사 시스템으로 범인 검거율 100%를 자랑하는 세상이에요. 의회에서 모든 국민의 DNA를 저장해두는 법이 통과되었기 때문이죠. 사람들은 형사들이 예전처럼 범죄 현장에서 열심히 수사하지 않아도 어떤 범인이든 잡을 수 있는 안전한 세상이 왔다고 생각했어요.

그러던 어느 날 연쇄 살인사건이 일어났어요. DNA 수사 시스템으로 범인의 데이터를 뽑던 한 천재 과학자는 데이터 분석 결과를 보고 깜짝 놀라고 말아요. 그 결과에 따르면 과학자 자신이 바로 살인범이었거든요. 이 결과에 과학자는 너무나도 큰 충격을 받습니다. 자신이 개발한 DNA 수사 시스템이 완벽하다고 믿었기 때문에 충격은 더 컸어요. 도대체 어떻게 이런 일이 일어난 것일까요?

살인범으로 지목된 천재 과학자는 경찰에 쫓기는 신세가 됩니다. 과학자는 경찰에 쫓기면서도 자신의 억울한 누명을 벗기 위해 여러 가지 조사를 벌여요. 그동안 DNA 수사 시스템으로 정확하게 범인을 잡아낼 수 있다고 믿었던 과학자는 조사를 하면서 이 시스템이 완벽하지 않다는 것을 알게 됩니다. 그도 그럴 것이 이 시스템에는 보통 사람들은 모르는 비밀이 숨겨져 있었던 거예요. 이 시스템을 설계한 고위층 권력자들은 자신의 DNA 정보를 저장하지 않았던 것이죠. 일반 국민들의 모든 DNA 정보는 저장했으면서 정작 사회 고위층인 권력자들은 자신의 정보를 제공하지 않았어요. 그래서 고위층 권력자 중의 누군가가 범행을 저질러도 DNA 분석 시스템은 누가 범인인지를 찾을 수 없게 되었던 거예요.

이 소설은 국가가 개인의 DNA 정보를 관리하는 상황에서 국가 권력이 국민의 DNA 정보를 남용하게 되면 생길 부작용을 우리에게 경고하고 있어요. 만약 국가가 개인의 DNA 정보나 민감한 의료 기록, 개인정보를 함부로 아무 때나 조회할 수 있거나 조작할 수 있다면 국가는 개인의 프라이버시를 얼마든지 침해할 수 있어요. 또 프라이버시 침해 뿐 아니라 완전히 조작된 인물이 만들어지는 것도 가능하죠. 예를 들어 나의 지문을 범죄자의 지문과 바꿔치기 한다면 경찰서에 가서 신원 조회를 할 때 내가 범죄자라고 나올 수 있으니까요.

미국에서는 범죄자의 DNA 정보를 데이터로 저장하고 있어요. 우리나라도 2010년에 흉악범죄자의 재범을 막기 위해 DNA 정보를 데이터로 관리하는 법이 만들어졌어요. 만약 예전에 범죄를 저지른 사람이 또 다른 범죄를 저지르고 현장에 자신의 흔적을 남긴다면 범인이 누군지를 쉽게 알아낼 수 있어요. 머리카락 한 올, 컵에 남긴 입술 자국, 피우던 담배 꽁초도 범인을 찾는 단서가 됩니다. 지금 우리나라는 흉악범죄자의 DNA 정보만을 저장하고 있어요. 하지만 만약 어떤 범죄자라도 잡기 위해 모든 사람의 DNA 정보를 등록하는 제도가 도입된다면 여러분은 찬성하겠어요, 아니면 반대하겠어요? 그리고 왜 그렇게 생각하나요?

영화《트루먼 쇼》가 현실이 될 수 있을까?

영화 《트루먼 쇼》는 한 남자의 일생을 관찰하는 쇼프로그램을 소재로 한 이야기입니다. 영화의 주인공인 트루먼은 작은 도시에서 살아가는 평범한 청년이에요. 그런데 트루먼의 주변은 평범하지 않아요. 트루먼을 제외하고는 마을 사람 모두가 감독의 지시에 따라 움직이는 배우였거든요. 트루먼의 삶은 태어나는 순간부터 24시간 TV 리얼리티 쇼에서 생중계되고 있었어요. 트루먼을 주인공으로 하는 영화 속의 TV 프로그램은 주인공이 태어나는 순간부터 성인이 되어 죽을 때까지의 모든 삶을 카메라에 담아내고, 이를 시청자들이 보면서 즐기는 엄청나게 긴 몰래 카메라인 셈이었던 거예요. 이 쇼를 유지하기 위해서 수많은 배우가 트루먼과 함께 지냈어요. 그의 아내는 물론이고, 절친한 친구와 엄마까지 모두가 배우였지요. 그가 살고 있는 마을 전체가 TV 프로그램의 세트장이었던 거예요. 트루먼은 그 사실을 모른 채 살아갑니다.

이 모든 것이 조작된 것이라는 걸 트루먼에게 들키지 않기 위해서 감독과 배우들은 무척 치밀하게 준비합니다. 트루먼은 마을 밖으로 나가서도 안 되었고, 이 모든 것이 조작된 것이라는 걸 몰라야 했어요. 그래서 감독은 트루먼을 외부 세계와 완전히 단절시킵니다. 그래서 트루먼이 사는 곳은 섬이고, 밖으로 나가려 하면 바다를 건너야만 하도록 설정하고 세트를 만들었어요. 트루먼이 어릴 때 아버지가 보트 사고로 죽은 것으로 설정했기 때문에 트루먼은 자연스럽게 물은 무서운 것이라고 생각하게 되었죠. 결국 트루먼은 배를 타지 못해서 바깥 세상으로 나갈 수 없었어요.

그런데 이런 조작을 오래 유지하기는 쉽지 않겠죠. 거대한 돔으로 만들어진 세트 천장에서 조명이 떨어지거나 하는 이상한 일들이 생겨나요. 트루먼은 조금씩 무언가가 이상하다는 것을 느끼게 됩니다. 그리고는 이 거대한 조작된 세계를 의심하게 되지요. 결국 트루먼은 무서워하던 물의 공포를 이겨내고 진실을 찾아서 섬을 탈출하게 됩니다. 그리고 모든 진실을 알게 된 트루먼은 거짓된 세계가 아니라 진짜 자신의 삶을 살 수 있는 세계로 나아갑니다.

이 영화의 이야기를 들으면 어떤 생각이 드나요? 앞에서도 이야기했듯이 인터넷에 돌아다니는 데이터는 어떤 것이 진짜이고 어떤 것이 가짜인지 구별하기 어려워요. 그러니 잘못하면 가짜를 진짜로 믿게 될 수도 있고, 그 때문에 잘못된 판단을 내리게 될 수도 있어요. 마치 《트루먼 쇼》의 주인공이 조작된 사실을 진실이라고 믿고 있듯이 말이죠. 조작된 사실이

진짜 사실로 둔갑하는 것이죠.

　게다가 '몰래 카메라'로 인한 문제는 지금도 자주 발생하고 있어요. 우리가 즐겨 보는 TV 프로그램에도 '몰래 카메라'라는 것이 있어요. 주인공인 한 사람을 제외하고 나머지 모든 사람들이 특정한 상황에서 어떤 일이 벌어질지를 알고 있죠. 그리고 주인공의 반응을 관찰하지요. 그런데 이런 몰래 카메라가 TV 쇼에서만 벌어지는 것도 아니에요. 요즘에는 보통 사람들이 일상에서도 몰래 카메라에 당할 위험이 커졌어요. 그래서 많은 사람들이 자신도 모르게 몰래 카메라에 찍힐까봐 불안해하곤 해요. 자신이 찍힌 줄도 모르는 영상이나 사진이 인터넷에 퍼지는 일도 생겨나고 그 밑에 악성 댓글이 달리기도 하는 등 범죄와 위험에 노출되는 경우가 많아졌기 때문이죠.

　만약 여러분이 인터넷에서 하는 행동을 누군가가 지켜보고 있다면 어떤 기분이 들까요? 최근에는 스마트폰이나 노트북에 장착된 카메라를 통해서 몰래 여러분의 사생활을 지켜보는 악성 프로그램도 생겼다고 하니 영화 ≪트루먼 쇼≫의 주인공처럼 되지 않기 위해서 늘 인터넷 보안에 주의를 기울여야 한답니다.

빅데이터를 연구하는 데이터 과학

데이터가 폭발적으로 증가하고 데이터의 중요성이 강조되면서 자연스럽게 데이터 과학이라는 말도 등장했어요. 데이터 과학(Data Science)이란 데이터를 분석해서 미처 알고 있지 못했던 어떤 사실이나 현상을 알아내는 학문이에요. '데이터 과학'이라는 용어는 비교적 최근에 만들어졌어요. 데이터 분석과 관련된 용어로는 통계학, 데이터베이스를 통한 지식발견(KDD, Knowledge Discovery in Databases), 데이터 마이닝(Data Mining) 등이 있어요.

통계란 어떤 현상에 대한 자료를 알기 쉽게 숫자로 나타낸 것이라고 이미 앞에서 설명했죠? 통계학은 이와 관련된 이론적, 실증적 학문을 말해요. 데이터베이스란 데이터를 체계적으로 구성해서 컴퓨터에 저장해 놓은 것을 말해요.

예를 들어 은행이라면 누가, 언제, 얼마를 거래했는지를 나타낸 모든 금융 정보를 컴퓨터에 저장하게 되죠. 여기서 체계적으로 저장한다는 말은 저장되어 있는 내용을 쉽고 빨리 확인할 수 있도록 사전에 세부적으로 구조를 짜 잘 정리해 둔다는 거예요. 마치 우리가 컴퓨터에 저장된 파일을 주제나 날짜별로 폴더를 만들어 정리하는 것과 같죠.

이런 데이터베이스를 통한 지식발견(KDD)은 데이터베이스로부터 유용한 지식을 찾아내는 과정을 뜻하는 것이죠.

KDD는 데이터가 지식으로 바뀌는 과정을 다음과 같이 다섯 단계로 설명해요.

❶ 분석에 필요한 데이터 추출(selection)하기
❷ 데이터를 분석하기 쉽게 사전처리(preprocessing)하기
❸ 데이터 변환(transformation)하기
❹ 데이터 분석(data mining)하기
❺ 데이터를 분석한 결과 해석하기

데이터 마이닝은 KDD의 핵심 요소라고 할 수 있어요. 데이터 마이닝(Data Mining)이란 대규모 데이터에서 가치 있는 정보를 뽑아내는 것을 말해요. 어떤 현상의 이면에 있는 경향과 규칙을 발견하기 위해서 대량의 데이터를 탐색하

데이터 과학이 하는 일

고 분석하는 과정인 것이지요. 마이닝(mining)이란 말은 지하에 묻힌 광물을 찾아낸다는 뜻이에요. 데이터에서 정보를 추출하는 과정이 마치 탄광에서 석탄을 캐거나 대륙붕에서 원유를 채굴하는 작업처럼 숨겨진 가치를 찾아낸다는 특징을 가졌기 때문에 이런 말이 붙은 것이죠.

이러한 학문들은 모두 데이터를 분석해서 미처 알고 있지 못했던 어떤 사실이나 현상을 찾아낸다는 점에서 공통점이 있어요. 그런데 데이터 과학과는 어떻게 다를까요? 데이터 과학이 통계나 KDD, 데이터 마이닝 등의 학문 분야와 근본적으로 차이를 보이는 부분은 바로 분석 대상이 되는 '데이터'라고 할 수 있어요.

통계학은 잘 계획된 실험을 통해서 얻은 데이터를 분석 대상으로 삼아요. 그러니까 통계학에서는 우선 어떤 가정을 하고, 그 가정을 확인하기 위한 실험을 한 다음, 그 실험 과정에서 나온 데이터를 분석하는 것이죠. 하지만 데이터 과학은 가정을 확인하기 위해 실험을 하지 않아요. 그 대신 학교와 기업, 거리의 실제 현장에서 자연스럽게 쌓이는 빅데이터를 대상으로 하는 것이죠.

데이터 과학은 인터넷, 스마트폰, 감시용 카메라 등에서 생성되는 숫자와 문자, 영상 정보 등 다양한 유형의 데이터를 분석 대상으로 삼아요. 이러한 형태의 데이터를 통틀어 비정형 데이터*라고 불러요. 계획되지 않고 수집된 데이터라는 의미에요.

물론 기존 통계학에서도 영상이라든지 문자와 같은 수치가 아닌 데이터를 처리하고 분석하는 다양한 연구를 해왔어요. 또 통계학의 세부 분야 중의 하나로는 탐색적 데이터 분석(Exploratory Data Analysis)이라는 것도 있어요. 데이터를 있는 그대로 놓고 마치 탐험하듯이 하나하나 분석한다는 의미에요.

무척 많은 분야들이 있지요? 이렇게 다양한 분야의 학문이 생겨난 이유는 데이터가 넘쳐나는 빅데이터 환경이 되었기 때문이에요. 다양한 데이터를 효과적으로 분석하기 위해 기존의 통계학 방법론 이외에도 다양한 데이터 분석 방법론이 결합하는 것이죠. 빅데이터라는 새로운 환경에서 데이터 과학이라는 용어가 등장하는 것도 어찌 보면 자연스러운 일이라 할 수 있겠죠?

데이터 과학은 기존 학문 분야 중에서 통계학, 컴퓨터 공학과 관련이 깊어요. 컴퓨터 공학은 컴퓨터의 소프트웨어를 연구하고 응용하는 학문이에요. 빅데이터를 통해서 알고 있지 못했던 가치 있는 사실을 찾아내기 위해서는 대규모 데이터를 빠르게 처리할 수 있는 컴퓨터 공학과 데이터를 효과적으로 분석하는 통계적 방법론을 활용하는 것이 필요해요. 그래서 데이터 과학은 여러 관련 학문을 종합한 학문이라고 볼 수 있어요. 여러 학문이 종합된다는 점에서 융합 학문이라고도 불러요.

또 데이터 과학의 중요한 역할 중 하나는 데이터를 처리하고 분석하는 것뿐 아니라 '데이터 시각화'와 같이 분석 결과를 사람들이 이해하기 쉽게 그림으로 표현하는 것이에요. 최근에는 수많은 데이터를 한 장의 그림으로 요약한 인포그래픽(Infographic)*과 문서에 사용된 단어의 빈도와 중요도를 시각적으로 표현한 단어 구름(Word cloud)*이 주목 받고 있어요.

★ 인포그래픽(Infographic)
정보(information)와 그래픽스(graphics)의 합성어로 복잡한 데이터를 쉽게 이해할 수 있도록 한 장의 그림으로 표현한 것.

★ 단어 구름(Word Cloud)
특정 문서에 사용된 단어의 빈도와 중요도를 마치 구름과 같은 모양으로 시각적으로 표현.

지하철 노선도는 대표적인 인포그래픽인데 한 장의 그림으로 어디서 갈아타는지, 내리는 문이 오른쪽인지 왼쪽인지 등을 쉽게 알 수 있어요. 단어 구름은 문서에 사용된 단어의 숫자를 계산해서 그림으로 나타내요. 많이 나오는 단어는 크게 표시되기 때문에 한 눈에 문서의 핵심 내용을 파악할 수 있어요.

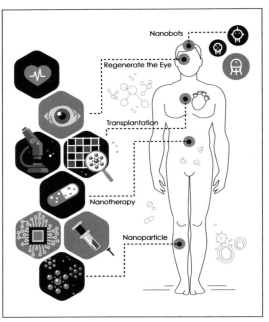

인포그래픽 ©gettyimages

단어 구름 ©gettyimages

데이터 과학은 다른 학문 분야에 비해서 비교적 최근에 등장했기 때문에 아직까지는 정확한 개념이나 대상, 방법론 등이 정립되는 과정에 있어요. 하지만 그만큼 발전 가능성도 높은 분야랍니다.

미래의 과학자, 데이터 사이언티스트!

데이터 과학이 있다면 데이터 과학자도 있겠죠? 데이터 과학자(Data Scientist)는 데이터 과학과 관련된 분야를 전공하고 데이터 분석과 관련된 일을 하는 사람이에요. 데이터 과학자는 현장에 흩어져 있는 대량의 데이터를 모으고, 분석에 적합한 형태로 가공하고, 데이터가 의미하는 바를 이야기에 담아 다른 사람에게 효과적으로 전달하는 역할을 해요.

'백의의 천사'라고도 불리는 간호사 나이팅게일은 당시의 데이터 전문가라고 평가받기도 해요. 간호사가 데이터 전문가라니, 어째서일까요? 플로렌스 나이팅게일은 1854년 크림전쟁이 일어나자 간호사로 전쟁터에 뛰어들어요. 당시 크림전쟁에서는 수많은 병사들이 목숨을 잃었는데 전쟁터에서 부상으로 죽는 병사보다 비위생적인 환경에서 질병에 감염되어 죽는 병사가 더 많았어요. 전쟁터에서 전사한 병사의 수가 5천 명이었던 데 반해 전염병으로 죽는 병사의 수는 무려 1만 5천여 명에 달했거든요. 당시 병원은 위생 개념이 취약했어요. 그래서 나이팅게일은 철저한 위생관리를 시작으로 군 의료 체계를 개선하는 데 힘을 기울여요.

하지만 나이팅게일이 아무리 목소리를 높여서 위생 관리를 철저히 하고 의료 체계를 개선해야 한다고 말해도 사람들은 그 말을 들어주지 않았어요. 그래서 나이팅게일은 국군 야전병원의 여러 가지 현황을 어떻게 하면 사람들에게 쉽게 설명할 수 있을지를 고민했어요. 고민 끝에 나이팅게일은 막대그래프와 원그래프를 결합한 장미꽃 모양의 그래프를 만들어요. 나이팅게일은 이 그래프에 전염병 사망자를 파란색으로, 전투로 인한 사망자는 빨간색으로, 그 이외의 사망자는 검은색으로 나타냈지요. 그리고 사망자 수가 매달 어떻게 변화했는지를 연결해서 나타내어 이해하기 쉽도록 표현했어요. 나이팅게일은 이 도표를 사용해 빅토리아 여왕에게 영국군 위생과 병원 환경을 개선할 것을 설득했어요.

데이터를 이해하기 쉬운 그래프로 만들어 사람들에게 설명했기 때문에 의료 체계를 개선해야 한다는 그녀의 주장은 설득력을 가졌고, 의료 체계 개선을 이루어낼 수 있었어요. 이러한 노력 끝에 나이팅게일이 등장한 지 6개월 만에 환자의 사망률은 42%에서 무려 2%로 떨어졌다고 해요.

나이팅게일은 의료 정책 개선의 필요성을 정부 관료나 국회의원들에게 설명할 때도 데이터를 활용했어요. 그녀가 만든 그래프는 지금 보아도 복잡한 수치를 한눈에 알아볼 수 있을 정도로 잘 만들어져 있어요. 이렇듯 데이터를 정확하게 분석하면 사람들에게 큰 도움이 될 수 있어요. 데이터 분석을 통해 병원 의료 체계를 개선하고 많은 사람들의 목숨을 구한 나이팅게일은 그 시대의 진정한 데이터 전문가였다고 해도 과언이 아니겠죠?

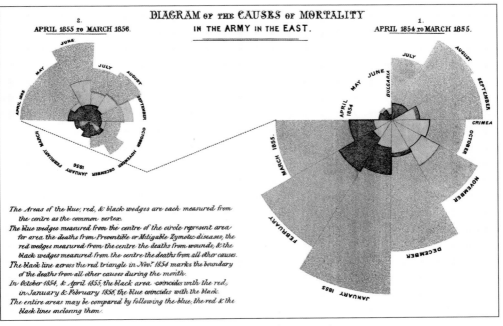

나이팅게일이 만든 장미그래프 ⓒwikimedia

나이팅게일과 같은 데이터 과학자가 하는 일 중에서 가장 기초가 되는 일은 여기저기에 흩어져 있는 필요한 데이터를 모으고 가공하는 데이터 처리(Data Management)예요. 가장 기초적인 작업이면서 가장 어렵고 힘들고 시간이 많이 걸리는 작업이에요. 하지만 이 단계를 거치지 않으면 분석에 필요한 정확한 데이터가 만들어지지 않기 때문에 매우 중요하죠.

야구 빅데이터의 경우 앞에서 알아본 것처럼 고성능 카메라가 공이 날아가는 궤적을 카메라에 담으면 위치와 방향, 속도 데이터가 자동으로 저장되죠. 선수의 위치와 움직이는 속도도 마찬가지로 기록해요.

하지만 종합적으로 분석하려면 이 데이터들만으론 부족하죠. 선수별로 측정한 체력과 운동 능력 데이터와 건강상태를 체크한 데이터, 또 그때그때 선수들이 연습하거나 시합하는 모습을 보며 감독이나 코치가 기록한 개인 평가 데이터 등을 모두 모아야 정확한 분석을 할 수 있어요. 이렇게 서로 다른 형태(숫자, 문자)의 데이터를 모으고 연결하는 작업이 데이터 처리예요. 데이터가 정리되고 나면 그 다음에는 데이터 분석(Analytics Modeling)을 해야 해요. 데이터가 너무 많기 때문에 다양한 방법을 이용해서 유용한 결과를 찾아내는 과정이지요.

그런데 이렇게 데이터 분석만 할 줄 알면 되는 걸까요? 정확한 분석 결과를 만들고 그 결과를 제대로 해석하기 위해서는 무엇보다 해당 분야에 대한 이해가 필요해요. 예를 들어 의료 분야의 데이터를 분석한다면 의료에 관한 전문 지식이 있어야 결과를 정확하게 해석할 수 있겠지요.

이러한 능력 이외에도 데이터 과학자는 의사소통 능력, 협업, 리더십, 창의력, 열정이라는 요소도 갖추어야 해요. 데이터 과학자에게 필요한 자질에는 어떤 것이 있을까요?

과학자가 되기 위한 출발은 호기심과 질문이에요. 발명왕 에디슨처럼 자기 주변의 사물이나 현상에 대해 관심을 갖고 '왜 그럴까?'라는 질문을 던지는 것이 중요해요. 또 궁금한 것을 해결하기 위한 인내심도 중요한 요소예요. 찰스 다윈은 자신이 세운 이론을 증명하기 위한 증거를 자연에서 찾기 위해 관찰하고 또 관찰했어요. 어려운 환경과 실패를 겁내지 않는 끈기도 필요해요. 스티븐 호킹 박사는 루게릭병으로 3년 이상 살지 못할 거라는 진단을 받았지만 우주의 비밀을 밝혀내는 훌륭한 물리학자로 연구를 계속했지요.

데이터 과학자가 되기 위해서는 독서를 통해서 새로운

지식을 습득하고 상상력을 키우는 것도 중요해요. 에디슨도 독서광으로 유명했는데 셰익스피어의 작품은 외울 정도로 좋아했어요. 문학 작품을 통해 상상력을 키우고 인간에 대한 통찰력을 키울 수 있었다고 해요.

데이터가 있는 곳이라면 어디서나 분석을 하기 위한 데이터 과학자가 필요하기 때문에 데이터 과학자가 일할 수 있는 분야는 매우 넓어요. 은행, 증권과 같이 전통적으로 데이터가 많이 쌓여있는 금융이나 유통 등과 같은 분야 뿐 아니라 의료, 스포츠, 제조, 부동산, 농업 등에서도 데이터 분석의 필요성이 점점 늘어나고 있거든요.

의료 분야의 경우에는 앞에서 안젤리나 졸리의 사례를 살펴본 것처럼 개인의 유전자를 분석해서 어떤 병에 걸릴지를 분석해 내고 맞춤형 약을 개발하는 등의 일을 해요. 스포츠 분야도 앞에서 미국 프로 야구 사례를 살펴보았죠? 빅데이터 분석을 통해서 만년 하위팀이 상위팀으로 올라가는 것이 가능해요.

또 제조업도 빅데이터 분석이 필요한 분야에요. 반도체 공장의 경우에는 불량률을 줄이는 것이 원가를 절감하기 위해 매우 중요한 일이에요. 반도체를 만드는 과정은 매우

복잡한 단계를 거치는데 각 단계마다 측정되는 데이터가 재료의 배합, 온도, 습도 등 무척 많아요. 이 데이터를 분석하면 어떤 조건에서 가장 효율적으로 반도체를 만들 수 있는지를 알 수 있어요.

뿐만 아니라 CCTV를 통해 도로의 교통 흐름을 파악해서 신호등 교체 주기를 자동으로 바꾸는 일도 가능해요. 빅데이터 분석으로 자동차의 흐름을 원활하게 하면 차가 막히는 곳이 줄어들겠지요?

농작물 생산량을 최대로 높여주는 토양과 비료와 물의 조합을 찾아내는 일도 데이터 과학이 해낼 수 있어요. 일본의 대표적인 IT기업인 도시바와 후지쯔는 반도체 공장에 채소를 재배하는 새로운 사업을 벌이고 있어요. 반도체 공장에는 클린룸이라는 시설이 있는데 반도체를 만들 때 먼지 하나라도 들어가면 안 되기 때문에 만든 청정 시설이에요. 그런데 이 클린룸 기술을 이용해서 외부와 차단된 농장을 만든 것이죠. 이곳에서 재배되는 채소는 해충이나 균이 완전히 차단되기 때문에 농약이 필요 없어요. 불순물을 제거한 깨끗한 물을 사용하고 햇빛 대신 전용 조명을 사용해요. 데이터 과학자는 데이터 분석을 통해서 채소의 맛과 신선도를 최상으로 유지하기 위한 조건을 관리하지요.

미국 경제 전문지 ≪포브스(Forbes)≫는 2015년에 발표한 기사에서 '미래 유망 직종' 1순위로 데이터와 관련한 전문직을 꼽았어요.

영국에서는 2013년에 정부가 나서서 다가올 데이터 시대에 대비해 국민들의 데이터 역량을 강화하기 위한 국가 전략을 발표했어요. 공무원의 데이터 분석 능력을 강화하고 국민들의 수학과 컴퓨터 교육을 강화하기로 한 것이에요. 또 기업이나 사업체를 운영하는 사람들에게 필요한 데이터 분석 관련 기술 교육 프로그램을 개발하는 내용도 있어요. 그야말로 모든 국민들의 데이터 분석 능력을 키우기 위한 계획을 담고 있는 것이죠. 우리나라 정부도 빅데이터 시대에 다른 나라와의 경쟁에서 뒤처지지 않기 위해 교육 과정 개편을 포함해서 다양한 노력을 기울이고 있어요.

다가오는 미래는 데이터가 중심인 시대가 될 것이 틀림없어요. 인터넷과 스마트폰으로 사람과 사람이 연결되고, 사람과 사물이 소통하고, 또 사물과 사물이 서로 연결되면서 대규모 데이터가 생성되고 유통되겠죠. 우리 사회는 앞으로 분야를 가리지 않고 점점 더 데이터를 분석해서 그 결과를 바탕으로 해야 할 일을 판단하고, 새로운 일들을 시도하게 될 거예요. 그러니까 데이터를 올바르게 분석하고 해석하는 논리적인 사고를 할 수 있는 훈련은 반드시 필요하답니다. 데이터 과학자가 우리 사회 여러 분야에서 데이터 분석을 통해 효율적인 방법을 찾고 올바른 결정을 내리는 중요한 역할을 하는 데이터 세상이 이미 우리 곁에 성큼 다가오고 있으니까요.

사람을 차별하는 빅데이터

★ **알고리즘(Algorithm)**
주어진 문제를 논리적으로 해결하기 위해 필요한 절차, 방법, 명령어들을 모아 놓은 것.

데이터 과학자는 데이터가 의미하는 바를 다른 사람에게 효과적으로 전달한다고 했죠? 이렇게 데이터 과학자가 데이터를 다루고 알고리즘(Algorithm)★을 만들 때 주의해야 할 점이 있어요. 데이터 과학자가 의도하지는 않았지만 데이터 분석 결과가 누군가에게 피해를 줄 수도 있기 때문이에요. 일반적으로 개인 맞춤형 정보를 만들 때는 다양한 데이터를 이용해서 모형을 만드는데, 이 과정에서 의도와 달리 특정 계층이나 인종, 특정한 성에 속한다는 이유만으로 누군가를 차별하고 불이익을 줄 수도 있어요.

계산 절차를 미리 정해 놓고 여기에 특정한 값을 넣으면

결과가 나오는 '데이터를 처리하는 규칙'을 알고리즘이라고 해요. 알고리즘에 의한 결과라는 말을 들으면 객관적이고 중립적인 것처럼 생각되지요? 그런데 실제로도 이 결과가 객관적이고 중립적일까요?

알고리즘을 만드는 것은 사람이기 때문에, 알고리즘을 만드는 과정은 개발자의 성향과 판단, 사회적 인식에 영향을 받을 수밖에 없어요. 따라서 알고리즘도 편향적일 수가 있는 것이죠. 게다가 인공지능 알고리즘은 판단을 내리거나 문제를 해결할 때 오래전부터 축적된 데이터를 학습하면서 활용하기 때문에, 인종 차별이나 성차별과 같은 예전부터 존재했던 오래된 편견과 차별을 반영할 가능성이 높아요. 이를 두고 알고리즘에 의한 차별이라고 해요.

좀 더 자세히 살펴볼까요? 미국에서는 범죄자의 형량을 정할 때 이 범죄자가 앞으로 재범을 일으킬 확률이 얼마나 되는지를 고려한다고 해요. 그런데 이러한 재범 확률을 계산할 때 사용되는 데이터에는 친척 중에 범죄자가 있는지, 어디에 사는지 등에 대한 정보도 포함되지요.

또 구글의 온라인 광고를 분석한 연구에서는 여성보다 남성에게 더 높은 임금의 직업 광고를 추천하는 성 차별적인 경향이 나타났고, 흑인에게는 저렴한 상품을 집중적으로 보여주는 경향이 높게 나타났어요. 이러한 결과가 나타난 이유는 '여성은 남성보다 임금이 낮을 것이다.', '여성은 전문직보다는 단순 생산직에 어울릴 것이다.', '흑인은 백인보다 경제적 수준이 낮을 것이다.'라는 오랫동안 지속되어 왔던 차별적 인식과 편견이 포함되었기 때문이에요. 이러한 편견은 그동안 쌓여온 데이터에 그대로 저장되어 있기 때문에 알고리즘은 자동적으로 이러한 편견을 적용한 것이죠.

2016년 7월에는 인공지능을 활용한 온라인 국제미인대회가 열렸어요. 이 대회는 기존의 미인대회와는 달리 인공지능 프로그램이 심사를 했어요. 그런데 인공지능 프로그램이 출전한 참여자들의 프로필 사진을 심사한 결과 백인만이 입선했지요. 여기에도 편견이 포함되어 있어요. 사람의 아름다움은 모두 다 다른데도, 인공지능은 백인의 신체적 특징만을 아름다움의 기준으로 삼은 것이죠. 그 결과 백인만이 입선하는 차별적인 결과가 나온 것이고요. 이러한 다양한 사례는 알고리즘이 성차별이나 인종 차별과 같은 사회적 편견을 반영할 수 있다는 것을 확인하는 계기가 되었어요.

알고리즘이 편향되게 만들어지지 않기 위해서는 많은 노력이 필요해요. 미국 정부는 알고리즘을 설계할 때 특정한 성이나 연령, 종교, 인종에 대한 편견이 들어가지 않도록 주의를 기울여야 하고, 그런 차별적 인식이 들어간 알고리즘은 개선하도록 하고 있어요. 유럽연합(EU)은 모든 회원국이 지켜야 하는 '개인정보보호규정'을 개정하면서 알고리즘에 대해 설명을 요구할 권리를 새롭게 보완했어요.

우리나라는 아직까지 이런 법이나 규정이 만들어지지는 않았어요. 하지만 앞에서 살펴본 검색 사이트의 기사 재배치 사건을 계기로 검색 업체는 앞으로 그동안 비밀로 부쳐 왔던 뉴스 검색과 추천 알고리즘을 공개하겠다고 밝혔어요. 자동으로 계산되는 알고리즘 때문에 자신도 모르게 부당한 피해를 막기 위해서는 개개인의 노력뿐 아니라 우리 사회 전체가 힘을 합해서 공동으로 노력을 기울여야 해요. 물론 그 과정에서 데이터 과학자의 역할은 더욱 더 중요해지겠지요?

데이터 분석의 주체는 바로 인간!

세계적으로 베스트셀러가 된 『사피엔스(Sapience)』의 저자인 유발 하라리* 교수는 인류의 역사를 다음과 같이 설명해요. 중세시대까지는 성경 말씀을 잘 따르면 모든 것이 해

결되는 신 중심의 사회였고, 중세 이
후는 우리가 옳다고 느끼는 대로 행
동하는 자유주의의 시대였다면 지금
은 데이터가 중심인 시대로 변하고 있
다고 말이지요. 그는 구글이 자기 자
신보다 자기를 더 잘 알고 있다고 말
해요. 실제로 구글은 길을 찾을 때 내
가 왼쪽으로 갈지 오른쪽으로 갈지를
정해주고, 책을 살 때는 내가 관심을

★ 유발 하라리(Yuval Noah Harari)
이스라엘 태생의 역사학자이자 세계적 베스트셀러인 『사피엔스』의 저자로 예루살렘 히브리대학교 역사학과 교수다.

★ 다보스포럼(Davos Forum)
매년 스위스의 다보스에서 개최되는 '세계경제포럼'을 말한다. 세계 각국의 주요 정치인, 관료, 기업인이 모여 정보를 교환하고, 세계경제 발전방안 등에 대해 논의한다.

가질 만한 책을 알려줘요. 요즘은 누구와 결혼하면 이혼할
확률이 가장 낮은지를 알려주는 서비스도 나왔다고 해요.
이처럼 데이터가 수많은 의사결정에 영향을 끼치면서 데이
터가 마치 전지전능한 신의 자리를 차지하고 있는 것 같은
우리의 일상을 빗대어 '데이터 종교(Data Religion)'라고 표현
해요. 하라리 교수는 2018년 열린 다보스포럼*에서 "데이
터는 오늘날 가장 중요한 자산이기 때문에 데이터를 가진
자가 단순히 인간만 통제하는 것이 아니라 미래의 삶 자체
를 통제하게 된다."고 말했어요.

　빅데이터를 활용하면서 우리 생활이 더 편리해지는 만큼
빅데이터로 인한 위험성도 커질 가능성이 있어요. 더군다

나 우리가 싫어하건 좋아하건 상관없이 이미 우리 일상은 데이터를 중심으로 이루어지고 있어요. 그러니 어떤 데이터를 어떻게 분석할지는 앞으로 점점 더 중요해질 것이 분명해요.

데이터의 홍수 속에서 가짜 정보와 진짜 정보를 가려내는 일이 중요한 것 만큼 어떤 알고리즘을 활용해서 데이터를 분석하는지도 중요해요. 분석 결과에 따라 사람들의 행동과 인식도 변화할 것이 분명하기 때문이에요. 분석에 사용될 데이터가 오염되지 않게 감시하고, 알고리즘 때문에 특정 계층이 부당한 차별이나 불이익을 받지 않도록 확인하는 것도 매우 중요해요. 데이터의 양이 엄청나게 증가하고 인공지능 기술이 발전한다고 해도 결국 어떤 데이터를 어떻게 분석할지를 결정하는 것은 컴퓨터가 아니고 사람이기 때문이에요.

우리가 빅데이터에 주목하는 이유는 이러한 과학 기술이 인간의 삶을 풍요롭고 행복하게 만들어 줄 것이라고 기대하기 때문이에요. 데이터 분석의 목적이 인간을 더 행복하게 만들기 위해서라면 데이터 분석의 중심에도 항상 인간이 자리하고 있어야 한다는 점을 잊지 말아야 해요.

장기나 체스는 몰라도 바둑만큼은 인공지능이 인간을 이길 수는 없다고 생각했던 사람들에게 충격을 준 알파고는 이세돌 기사를 꺾은 뒤에 무엇을 했을까요? 이세돌 기사를 이긴 알파고는 그 이후에도 바둑 공부에 매진하여 2017년 5월에는 알파고 마스터로 버전을 높입니다. 알파고 마스터는 중국 최고의 바둑기사 커제와 세 판을 겨뤄 모두 이기고 바둑계에서 은퇴를 선언하지요. 더 이상 알파고와 대적할 사람이 없었기 때문이죠. 하지만 알파고 개발팀은 여기서 멈추지 않아요. 2017년 10월에는 알파고 제로(AlphaGo Zero)가 새로 개발됩니다.

알파고 제로는 이세돌 기사를 이긴 알파고와 대결해서 100대 0으로 이겨요. 커제 기사와 싸운 알파고 마스터와는 89 대 11로 압도해요. 그런데 놀라운 사실은 알파고 제로는 이전의 알파고처럼 인간이 만든 기보를 공부하지 않고 스스로 바둑을 공부하는 새로운 방식을 적용했다는 사실이에요. 이게 무슨 말일까요? 알파고 제로는 바둑에 관해 백지상태에서 시작해서 자기 자신과 바둑을 두는 방식으로 바둑을 배워요. 처음에는 초보자처럼 두었지만 3일 째에는 이세돌을 이긴 알파고를 압도했고 40일 째에는 커제를 이긴 알파고 마스터마저 물리쳤어요.

이렇게 프로 기사를 능가하는 인공지능의 모습을 보면서 의사와 변호사 같은 전문직도 위기를 느끼고 있어요. 국제연합(UN)이 만든 '미래보고서'에서는 인공지능이 발전하면 의사, 번역가, 회계사, 변호사와 같은 전문직이 위협을 받을 것으로 예측하고 있어요.

　실제로 왓슨을 개발한 IBM의 연구진은 종양을 진단하는 인공지능을 개발해서 병원에서 활용하도록 하고 있어요. 왓슨은 미국의 지난 100년간의 종양 진료 데이터를 활용해서 의사가 암 진료를 할 때 도움을 준다고 해요. 환자를 촬영한 영상 이미지를 보고 암인지 아닌지를 판단하는 일을 하고 있는 것이죠. 왓슨의 경우 정확도가 전문의사보다 더 높다고 해요.

　우리나라 병원에서도 왓슨을 도입했는데 현재 8개의 암을 진단하고 있지만, 곧 모든 암 종류를 진단하게 될 것이라고 해요. 의사와 의료진이 정확하고 빠른 진단을 내릴 수 있도록 인공지능이 도움을 주게 되면 의료비용을 절약하게 되어 환자들의 경제적 부담도 줄어들 것으로 예상하고 있지요. 우리나라 대학병원은 왓슨과 비슷한 기능을 하는 인공지능을 만들기 위해 연구를 하고 있어요.

　그뿐만이 아니에요. 기사를 쓰는 인공지능도 등장했어요. 이 인공지능

은 신문 기자를 대신해서 스포츠 중계나 금융 관련 기사, 의료 정보 등에 관한 기사를 쓰고 있어요. 미국의 유명 신문사인 《뉴욕 타임즈(New York Times)》의 연구에 따르면 독자들은 어떤 글이 인공지능이 쓴 글이고, 어떤 글이 기자가 쓴 글인지를 구분하지 못했다고 해요.

글을 쓰는 것 뿐 아니라 말을 하는 인공지능 상담원도 나타났어요. 우리은행의 인공지능 '소리'와 대신증권의 인공지능 '벤자민'은 고객과 직접 전화 통화를 하면서 고객의 질문에 대답을 해요. 신속하고 정확하게 안내할 뿐 아니라 과거 상담 내용까지 빠르게 확인하기 때문에 고객 만족도가 높아요. 특히 기존에는 업무시간에만 상담이 가능했지만, 인공지능 상담원은 24시간 언제라도 바로 상담이 가능한 장점이 있지요.

IBM이 만든 인공지능 변호사 로스(ROSS)는 미국 뉴욕에서 파산 관련 변호사 일을 하고 있어요. 아직은 의사와 변호사를 보조하는 역할을 하고 있지만 인공지능이 더 발전한다면 인간 변호사와 로봇 검사가 법정에서 자신의 주장을 펼치며 대결하는 장면을 상상해도 전혀 터무니없는 일은 아니겠죠?

인공지능의 활약상은 정말 대단하죠? 그런데 창의력이 중요한 예술 분야까지 인공지능이 도전할 수 있을까요? 놀랍게도 인공지능 기술이 발전하면서 예술 창작 영역까지 넘보는 인공지능도 나타났어요. 소설을 쓰고, 그림을 그리고, 음악을 작곡하는 인공지능이 개발되고 있고 최근에는 노래에 맞춰 안무를 만들어주는 인공지능도 나왔어요.

실제로 2016년 일본의 유명 신문사가 주관하는 공상과학(SF) 문학상의 공모전에서는 인공지능이 쓴 작품이 1차 심사를 통과했어요. 작품의 제목은 「컴퓨터가 소설을 쓰는 날」이었는데, 심사위원들은 실제로 이 소설을 컴퓨터가 썼다고는 전혀 생각하지 못했다고 해요. 일본의 한 대학교 연구팀은 2012년부터 소설을 쓰는 인공지능을 개발하고 있었는데, 이때 만든 소설 4편을 공모전에 제출했어요. 그리고 그 중 한 편이 예비심사에 통과한 거죠.

인공지능은 어떤 방식으로 소설을 썼을까요? 개발 책임자인 마쓰바라 교수는 "컴퓨터 20%, 인간 80%"라고 설명했어요. 사람이 먼저 소설의 전체적인 짜임을 만들어요. 예를 들면 도입부에서 주변 풍경을 묘사하고 그 다음에는 주인공의 심리상태를 묘사한다는 식으로 전체적인 소설의 구조에 대한 방향과 세부적인 얼개를 제시하는 거죠. 그러면 인공지능이 거기에 해당하는 단어와 문장을 만드는 방식이에요.

이 소설은 A4 용지로 세 장에 불과한 짧은 단편소설인데 주인공인 인공지능의 '고독한' 심리 상태를 자세하게 묘사했어요. 소설은 "그날은 구름이 낮게 깔리고 어두침침한 날이었다."는 문장으로 시작해요.

추리소설을 쓰는 인공지능 작가도 등장했어요. 미국의 유명 대학인 매사추세츠 공대의 프로그래머들은 인공지능으로 공포소설을 쓰는 '셸리(Shelley)'라는 프로그램을 발표했어요. 셸리라는 이름은 공포소설의 고전인 『프랑켄슈타인』 작가의 이름에서 따왔어요. 프로그래머들은 인터넷에 떠도는 괴담을 모아 '셸리'를 훈련시켰어요. 프로그래머들은 셸리가 단어와 짧은 문장을 이용해 기괴하고 소름끼치는 이야기를 만들어내는 데 탁월한 재능을 지녔다고 소개했지요. 트위터를 통해서 인공지능 셸리와 독자들이 서로 교대로 소설을 함께 써간다고 하니 관심 있는 사람들은 참여해봐도 좋겠지요?

인공지능 음악가도 있어요. 구글은 2016년에 인공지능이 작곡한 80초 분량의 음악을 공개했어요. 유명 작곡가들의 명곡처럼 깊은 감동을 주지

는 않지만 밝고 경쾌한 곡이에요. 인터넷에 올라와 있으니 여러분도 인공
지능의 작곡 실력을 한 번 감상해 보세요.

미국 캘리포니아 주립대학의 음악 교수는 고전 작곡가 바흐가 작곡한
것과 같은 느낌을 주는 음악을 만드는 인공지능을 7년 만에 개발했어요.
이 인공지능은 하루에도 수천 곡을 스스로 만들 수 있고, 지금은 베토벤
이나 쇼팽의 느낌을 주는 작곡도 할 수 있을 정도로 발전했다고 해요. 인
공지능의 작곡 실력은 어떨지 궁금하지 않나요?

이런 궁금증을 풀기 위해 오레곤 대학교의 스티브 라슨 교수는 바흐의
작품, 인공지능의 작품, 그리고 자신의 작품 세 곡을 연주한 다음, 누가 어
떤 곡을 작곡했다고 생각하는지 사람들에게 물어보는 연주회를 제안했

경복궁 전경ⓒgettyimages

딥드림이 그린 경복궁 전경ⓒDeep dream Generator

어요. 이 연주회에는 음악 평론가와 학생, 음악 애호가 수백 명이 참여했어요. 청중들은 인공지능의 곡을 바흐의 작품으로, 바흐의 곡은 교수의 작품으로, 교수의 곡을 인공지능의 작품으로 판단했답니다.

인공지능 화가도 있어요. 구글의 '딥드림(Deep Dream)'은 인공지능 화가의 이름이에요. 딥드림은 자신의 이름처럼 꿈속에 나올 것만 같은 환상적이고 초현실적인 그림을 그려요.

인공지능 소설가와 인공지능 작곡가의 원리를 이해했다면 인공지능 화가의 원리도 쉽게 이해할 수 있어요. 다양한 형태의 사진과 그림을 인공지능에게 입력하면 빅데이터 기술을 이용해서 새로운 이미지를 만들어내는 방식이거든요. 딥드림은 2016년 3월에 전시회도 열었어요. 이 전시회에

한옥 ⓒgettyimages

딥드림이 그린 한옥 ⓒDeep dream Generator

서 딥드림이 그림을 판매해 벌어들인 수익은 무려 1억 원이라고 해요.

'더 넥스트 램브란트(The next Rembrandt)'라는 로봇화가도 등장했어요. 이 로봇화가는 마이크로소프트와 램브란트 미술관, 네덜란드 과학자들이 함께 개발했어요. 이 로봇화가는 어두운 배경에서 환하게 빛나는 인물들의 모습이 특징인 램브란트의 작품을 분석해서 데이터를 확보했어요. 그 다음 이렇게 확보한 데이터를 활용해서 다양한 그림을 램브란트 풍으로 그려준다고 해요.

인공지능이 넘보지 못할 것 같았던 예술 영역까지 진출하는 것에 대해 여러분은 어떻게 생각하나요? 능력 있는 인공지능에게 밀려 일자리를 잃는 불행한 우리의 미래를 예상하는 사람들도 있어요. 반대로 우리의 지적 능력은 물론 예술적인 감성을 더 발전시킬 수 있도록 도움을 주는 친구 같은 인공지능과 조화롭게 어울리는 세상을 상상하는 사람들도 있어요.

여러분은 어떤 미래를 꿈꾸나요? 미래가 어떤 모습으로 우리에게 다가올지는 바라는 꿈을 이루기 위해 노력하는 여러분의 손에 달려 있답니다.